突发荷载下网壳结构动力倒塌机理

孙建恒　王军林　著

U0302879

科学出版社

北京

内 容 简 介

本书聚焦地震和强风雪两类突发自然灾害下球面网壳和柱面网壳的动力倒塌机理,开展大量的动力分析和倒塌全过程分析以阐明网壳结构的动力响应特征及破坏机理。重点论述初始几何缺陷、杆件初始弯曲、下部支承对单层网壳结构动力响应及稳定性能的影响。提出杆件动力稳定的判断方法及衡量下部支承水平刚度的计算公式,研究确定了网壳结构的动力稳定临界风速以及风雪荷载的最不利组合,并根据分析结果提出相应的大跨空间网壳结构抗倒塌关键技术。

本书可为大跨度空间结构领域的工程技术人员、设计人员和科研人员提供借鉴,也可作为高等院校相关专业高年级本科生和研究生的教学参考书。

图书在版编目(CIP)数据

突发荷载下网壳结构动力倒塌机理 / 孙建恒,王军林著. —北京:科学出版社,2023.7

ISBN 978-7-03-075801-9

Ⅰ.①突… Ⅱ.①孙… ②王… Ⅲ.①网壳结构–破坏机理 Ⅳ.①TD353

中国国家版本馆 CIP 数据核字(2023)第 103677 号

责任编辑:周 炜 裴 育 罗 娟 / 责任校对:王萌萌
责任印制:吴兆东 / 封面设计:陈 敬

科学出版社 出版
北京东黄城根北街 16 号
邮政编码:100717
http://www.sciencep.com

北京厚诚则铭印刷科技有限公司印刷
科学出版社发行 各地新华书店经销
*
2023 年 7 月第 一 版 开本:720×1000 1/16
2024 年 1 月第二次印刷 印张:14 1/2
字数:292 000
定价:108.00 元

前　言

　　大跨度空间结构是评价一个国家建筑结构领域研究水平的重要指标之一。网壳结构作为大跨度空间结构的一种，常用于各种需要内部较大使用空间的体育场馆、机场航站楼、火车候车厅、会展中心等大型民用公共建筑，在机械、化工、煤炭、水利水电、农业等领域的大型工农业建筑中也日益得到更广泛的应用。中国自然灾害直接经济损失主要是由地震、台风、干旱、暴雨和雪灾等造成，其中地震、台风和雪灾与建筑工程直接相关。中国是世界上大陆强震最多的国家，地震活动频度高、强度大、震源浅、分布广；同时，我国受强风雪影响持续时间长、影响地域广。突发的自然灾害对建筑工程的影响不容忽视。网壳结构的大型建筑内部大都活动频繁、人员众多，遭遇突发自然灾害时，一旦发生结构局部受损甚至整体倒塌，将造成严重的生命和经济损失。因此，有必要系统研究突发荷载下网壳结构动力倒塌机理。

　　本书是作者孙建恒教授及其团队十年来对大跨空间结构动力倒塌机理的分析方法、模型试验、工程应用等方面相关研究成果的总结，展示了单层网壳结构在突发荷载下稳定性能与破坏机理研究的最新进展。全书共6章。第1章简要介绍网壳结构的应用实践、发展前景、研究现状及研究意义。第2章重点研究地震作用下网壳结构动力响应及稳定分析，主要包括网壳结构的动力响应分析方法和动力倒塌判定准则，并研究杆件初始弯曲和下部支承对网壳结构动力稳定的影响。第3章开展带支承网壳结构地震模拟振动台试验研究，以六角星形单层网壳结构和K6型单层球面网壳结构模型为试验对象，验证有限元分析模型的正确性，并研究下部支承对网壳结构动力响应的影响效果。第4章分析雪荷载下单层柱面网壳结构和球面网壳结构的倒塌机理，研究确定雪荷载的最不利分布。第5章主要研究风荷载下单层网壳结构动力响应及倒塌机理，确定网壳结构的动力失效临界风速。第6章主要分析风雪荷载共同作用下单层网壳结构倒塌过程，并确定网壳结构风雪荷载的最不利分布。

　　本书由孙建恒指导撰写并统稿，王军林负责具体章节的撰写工作。参与本书相关内容研究和撰写工作的还有李红梅博士、路维、李颖、王宁、李媛、王爱兰和毕长坤等，以及参与振动台模型试验工作的任小强副教授，在本书成稿付梓之际，向他们的辛勤付出表示感谢。同时，感谢河北省自然科学基金和河北省重点基础研究专项的资助。

由于作者知识水平有限，书中难免有不妥之处，敬请读者批评指正。

作　者

wjl@hebau.edu.cn

2022 年 3 月 20 日

目　　录

第1章 绪　论

1.1　网壳结构应用实践和发展前景

现代社会空间结构不但被公认为是社会文明的象征，而且由于采用了大量的新材料、新技术和新工艺，成为反映一个国家建筑科学技术水平的标志。国际壳体与空间结构协会创始人、西班牙薄壳结构工程专家托罗哈(Torroja)曾经说过，最佳结构有赖于其自身之形体而非材料之潜在强度。具有曲面形状的空间网壳结构具有凭借其自身形状来抵抗外力作用的特质，正是这种"最佳结构"的一种恰当体现。空间网壳结构由杆件沿着某个曲面有规律地布置而组成，以薄膜力为主要受力特征，又兼有杆系结构的特点，即荷载主要由网壳结构杆件的轴向力形式传递，具有建筑造型美、结构刚度好、覆盖跨度大、材料耗量小、制作安装快、经济指标优等优点，广泛应用于国内外体育场、展览馆、会议中心、购物中心、储物设施、农业设施以及铁路与航空交通枢纽等大型建筑[1]。

近 50 年来，各种形式的网壳结构在美国、瑞典、加拿大、日本等国家发展迅速。1975 年建成的美国新奥尔良超级穹顶(Super Dome)采用 K12 型球面网壳结构，直径 207m，矢高 83m，厚度 2.2m。1989 年建成的瑞典斯德哥尔摩球形体育馆，采用球径 110m 的双层正放四角锥球面网壳结构，厚度为 2.1m，是当时世界上最大的接近全球形的网壳结构。1989 年建成的加拿大多伦多天空穹顶(Sky Dome)，屋顶直径 205m，覆盖面积 32374m²，为平行移动和回转重叠式的空间开合钢网壳结构。整个屋盖由四块单独的钢网壳组成，其中三块可以移动：中间部分为两块筒状网壳，可水平移动；两端为两块 1/4 球壳，一块固定，一块可旋转移动 180°。1993 年建成的日本福冈体育馆，建筑平面为圆形，直径 222m，屋盖由三块可旋转的扇形网壳组成，扇形沿圆周导轨移动，体育馆即可呈全封闭、半开启和全开启三种状态，为世界上最大的可开合穹顶之一。

我国大跨度空间结构的研究起步较晚，基础较弱，但随着国家建设和社会发展的需要，也得到了比较迅猛的发展。1966 年建成的浙江横山钢铁厂材料库，平面尺寸为 24m×36m，采用带有纵向边桁架的五连跨单层圆柱面网壳结构，是我国最早建成的按空间结构工作原理设计的圆柱面钢网壳结构。1994 年建成的天津新体育馆，平面为圆形，直径 108m，挑檐 13.5m，总直径达 135m，是当时我国圆形平面跨度最大的球面网壳结构。2004 年建成的重庆奥林匹克体育中心体育场是当时世界上跨度最大的网壳结构，直线距离 312m，网壳纵向宽度 78m，最大悬挑梁长度为 68m，主拱高度为 70.3m，网壳上下层弦杆高度为 4.5m，单块网壳面积为 17400m^2，两块网壳是由 3672 只焊接球、16500 根钢管杆件组成的梭形网状结构，总质量为 5670t，其制作、吊装、安装难度属空间结构之最。2007 年建成的国家大剧院位于北京，在人民大会堂西侧，东西向长轴跨度 212.20m，南北向短轴跨度 143.64m，建筑高度 46.285m，地下最深处 –32.50m，椭球形屋面主要采用钛金属板饰面，是当时国内最大的穹顶网壳结构。

2008 年北京奥运会所使用的比赛及训练场馆广泛采用了空间结构形式。奥运场馆屋盖较多地采用网壳结构，如奥运会自行车比赛馆，共两层，场馆主体为圆形，直径 124m，建筑物挑檐 24m，最高点 34m，是当时亚洲最大的室内自行车比赛馆。奥运会羽毛球比赛馆屋盖采用弦支球面网壳结构，最大跨度达 93m，是世界上跨度最大的弦支穹顶。奥运会乒乓球比赛馆，结构支承点间的跨度为 80m × 64m，该屋面除了中央矢高为 7m 和跨度为 24m 的中央网壳为球面外，其余屋面采用非解析曲面构成的异形网壳。国家体育场南北长 333m，东西宽 294m，高 69m，主体钢结构形成整体的巨型空间马鞍形钢桁架编织式"鸟巢"结构，它的建设标志着我国乃至世界建筑结构设计和施工技术水平迈上了一个新的高度。相信今后在我国乃至世界上将会涌现更多设计新颖的大跨度空间结构。

1.2　网壳结构动力倒塌研究现状

1.2.1　地震作用下网壳结构的动力倒塌研究现状

国内外对网壳结构在地震作用下的动力性能和稳定性能进行了大量的研究。在地震作用下落地网壳结构动力响应方面，国内孙建恒等[2,3]较早开展网壳结构在突加阶跃荷载、简谐荷载和三角形脉冲荷载下动力稳定性能的研究，修正了澳大利亚著名空间结构专家 Meek 教授的网壳结构梁单元几何非线性切线刚度矩阵。叶继红等[4]利用一致缺陷模态法和李雅普诺夫运动稳定理论，分析了初始缺陷对单层网壳结构在简谐荷载、阶跃荷载及三角形脉冲荷载下动力稳定性能的影响。陈军明等[5]以 K8 型单层球面网壳结构为研究对象，计算了网壳结构在地震作用下的地震响应，指出在单层球面网壳结构抗震设计中应考虑水平地震作用响应。曹资等[6]考虑不同矢跨比、荷载、跨度和支座刚度等多种因素的影响，研究了单层球面网壳结构在地震作用下的反应及其随各参数的变化规律，得出在单层球面网壳结构抗震设计中起控制作用的是水平地震作用而不是竖向地震作用；给出了由于阻尼比不同而需对引用现行抗震规范反应谱分析的网壳地震作用进行修正的建议。王策等[7]通过非线性有限元分析空间梁单元节点大位移、大转角产生的几何非线性,采用米泽斯(Mises)屈服准则和普朗特-罗伊斯(Prandtl-Reuss)流动法则模拟材料弹塑性本构关系,讨论网壳结构的弹塑性动力失稳机理。徐闻等[8]、姚洪涛等[9,10]、赵淑丽等[11,12]、路维等[13]、王尚麒等[14]先后研究了几何参数(矢跨比、初始几何缺陷、杆件初始弯曲)、分析参数(时间迭代步长)等对不同网壳(点支承两向叉筒单层网壳、单层柱面正交异型网壳、K8 型单层球面网壳)结构的动力特性、地震响应和动力稳定性能的影响。

在地震作用下考虑下部支承网壳整体结构动力响应方面,苏亮等[15]考察了两种典型空间结构在竖向地震作用下的地震反应以及竖向多点输入对结构地震反应的影响,指出竖向地震一致输入在门式桁架结构和周边支承网壳结构中将产生较大的内力,竖向多点输入使得周边支承网壳结构的地震内力降低。樊永盛等[16]以考虑圈梁和下部柱及柱间支撑的 K8 型单层球面网壳结构为研究对象,分析了整体结构在三向强烈地震作用下的动力响应、失稳模态及破坏机理,研究了下部支承结构、杆件弯曲变形对网壳结构动力稳定性的影响。Nakazawa 等[17]通过设置屈曲约束撑杆的下部弹性支承单层网壳结构的数值仿真确定了地震风险,基于对结构和非结构构件损害的判定规则,分析了地震损失,提出了周边简支单层球面网壳结构的静态等效地震估算方法和地震性能评价方法;分析评估了使用极限状态的线弹性加速度和轴向力,提出了基于动力响应的网壳结构表面地震荷载峰值和分布;采用所提出地震作用下的推覆(pushover)分析讨论倒塌机理,与强震下弹塑性动力屈曲分析的结果进行比较;计算了球面网壳结构的动态延性指数,提出了球面网壳结构抗震性能的有效评价方法。燕保军等[18]、孙建恒等[19]、李红梅等[20,21]将上部网壳结构和下部支承结构进行整体研究,提出了衡量球面网壳结构钢柱和混凝土柱两类支承刚度的刚度系数及其计算公式;在系统分析的基础上,给出了利用水平刚度系数进行抗震设计和分析的建议;提出了同时采用杆件最大动位移与加速度的关系以及杆件最大压力与加速度的关系进行单杆动力失稳判断的准则。

1.2.2 风雪荷载作用下网壳结构的动力倒塌研究现状

实际工程中由于抗风雪设计考虑不周而引起的结构灾变事故屡见不鲜,结构的强风暴雪致灾机理研究及抗风雪设计受到结构工程界的高度重视。但研究人员对网壳结构在风荷载、雪荷载以及风雪荷载共同作用下的灾变机理方面缺少较为系统的研究。在强风作用失效机理研究方面,Li 等[22]、Uematsu 等[23]通过使用风洞试验获得的风压数据,分析了球面网壳结构在风荷载下的振动特性及稳定性;描述了一种评估大跨度球面网壳结构设计风荷载的简单方法,设计风荷载可由时间平均风压乘以第一模式的阵风效应因子来表示,给出了屋面压力系数分布的简化模型。黄友钦等[24]利用 Budiansky-Roth 准则,通过风洞试验获得单层柱面网壳结构上的风荷载并研究其动力稳定性,指出空间结构在进行风荷载下的稳定性设计时有必要研究其在风荷载下的动力稳定性。王军林等[25-29]考察了单层柱面网壳结构和单层球面网壳结构在风荷载下的弹塑性动力失效破坏过程，讨论了网壳结构动力响应随支承条件、初始几何缺陷、屋面质量、矢跨比等因素的变化规律，揭示了网壳结构的风致动力失效机理。

在暴雪作用失效机理研究方面，Kato 等[30]研究在均匀雪荷载和非均匀雪荷载作用下由斜撑支承的双向单层球面网壳结构的屈曲强度及其可靠性，分析了线性屈曲、弹性屈曲和弹塑性屈曲的特点，重点是考察对角撑杆增加抗弯强度的有效性；考虑钢构件随机性和结构几何缺陷评估极限强度的平均值和变异系数，提出了一种分析极限强度可靠性的公式。杜文风等[31]采用组合分区方法，将雪荷载在 Kiewitt 网壳结构上按照径向和环向进行分区分布，确定了单层球面网壳结构屋面的雪荷载最不利布置。王军林等[32,33]考察了雪荷载分布区域不对称性和分布厚度非均匀性对单层网壳结构稳定承载力的影响，以及雪荷载分布区域对网壳结构稳定承载力的敏感性。王猛等[34]分析了 Kiewitt 型弦支网壳结构在不同雪荷载分布下的非线性稳定性能。研究表明，结构在雪荷载沿半跨非均匀分布时的稳定承载力最小；结构失稳前索与撑杆的预应力逐渐减小，到达失稳点后失稳点对应的撑杆变为倾斜状态。

在风雪荷载共同作用失效机理研究方面，Kapania[35]讨论了大跨度单层球面网壳结构的设计风荷载，采用风洞试验中测量的球面网壳结构模型多点同步风压，在时域上分析了几种模型的动态响应，指出球面网壳结构的动态响应通常由一种有助于静态响应的振动模式主导，提出了阵风效应因子的经验公式和压力系数分布的简单模型。黄友钦等[36]研究了一种单层柱面网壳结构在风雪荷载耦合作用下的动力稳定性，采用风雪荷载耦合作用的数值模拟和通过风洞试验获得网壳结构表面的非定常气动力，分析了风雪荷载耦合作用下单层柱面网壳结构的动力稳定性，指出按荷载规范中雪荷载标准值来分析动力稳定性得到的结论偏于不安全。王宁等[37]、毕长坤等[38]考察了风雪荷载共同作用下单层球面网壳结构和柱面网壳结构的动力失效全过程，基于动力失效临界风速确定了风雪荷载共同作用的最不利荷载组合。

1.3　网壳结构动力倒塌研究意义

大跨度空间网壳结构建筑中人员资产分布密集，一旦发生结构倒塌事故，势必造成重大的人员伤亡与财产损失，后果不堪设想。当代社会的快速发展对建筑结构提出了更高要求，具体体现为空间结构跨度更大，质量更轻，结构整体刚度柔化，这无疑会在本质上弱化结构的整体稳定性，使得空间结构的动力倒塌问题更加突出。工程中由于稳定性估计不足而屡屡引发的结构倒塌事故，引起了各国工程人员和研究人员的高度重视。

　　实际工程中落地单层网壳结构较为少见，而单层网壳结构一般是作为大跨度建筑的屋盖结构，与下部支承结构体系共同受力。在设计单层网壳结构时，由于计算程序的限制，通常将单层网壳结构和下部支承结构分别单独计算，先进行上部网壳结构的设计，然后把网壳结构反力提取后施加在下部支承结构上进行下部结构的设计。与结构整体设计相比，采用上部网壳结构和下部支承结构分离的设计，将导致计算结果存在误差。特别是在地震作用下，下部支承结构不能视作完全刚性体，下部支承结构的振动将会和上部网壳结构的地震反应出现耦合作用现象，整体结构在地震作用下的动力稳定问题将会更加复杂。因此，将上部网壳结构和下部支承结构整体建立计算模型进行分析，与实际工程情况更加吻合，可以提高设计分析的准确性，保证结构的安全性能。

　　在风雪荷载作用下网壳结构倒塌分析方面，国内外共同面临极端天气常态化和复杂化的严峻挑战，具体表现为强风、暴雪等自然灾害的次数更加频繁，强度不断增加，大跨度网壳结构面临极端天气环境下发生灾变失效破坏的安全形势日益严峻。网壳结构跨度大、质量轻，为典型的风敏感性结构；网壳结构屋面风荷载、雪荷载的分布也较其他传统结构形式变化大，风荷载与雪荷载的组合更加复杂，不利的雪荷载分布更易导致风致动力倒塌。因此，有必要进一步开展在强风雪等极端天气作用下大跨度单层网壳结构倒塌机理的系统研究。

　　由上述分析可知，世界各国共同面临极端气候常态化和国家安全形势复杂化的严峻挑战。为了提高我国大型空间结构的可靠度，有效防止大跨度空间结构倒塌等重大安全事故的发生，对网壳结构在地震作用下的动力响应及下部支承结构与上部网壳整体结构的协同工作，以及在罕遇地震、强风雪等突发荷载作用下的倒塌机理及抗倒塌措施进行研究。研究成果不仅具有较高的学术意义，而且具有很好的应用价值。

参 考 文 献

[1] 尹德钰, 刘善维, 钱若军. 网壳结构设计[M]. 北京: 中国建筑工业出版社, 1996.

[2] 孙建恒. 单层网壳非线性稳定分析的修正切线刚度矩阵[J]. 结构工程学报, 1990, 1(3-4): 84-92.

[3] 孙建恒, 夏亨熹. 网壳结构非线性动力稳定分析[J]. 空间结构, 1994, 1(1): 25-31.

[4] 叶继红, 沈祖炎. 初始缺陷对网壳结构动力稳定性能的影响[J]. 土木工程学报, 1997, 44(1): 37-42.

[5] 陈军明, 陈应波, 吴代华. 单层球面网壳结构地震响应的动力时程分析[J]. 空间结构, 1999, 5(4): 15-21.

[6] 曹资, 张毅刚. 单层球面网壳地震反应特征分析[J]. 建筑结构, 1998, 28(8): 40-43.

[7] 王策, 沈世钊. 单层球面网壳结构动力稳定分析[J]. 土木工程学报, 2000, 47(6): 17-24.

[8] 徐闻, 孙建恒, 姚洪涛, 等. 单层柱面正交异型网壳的动力特性研究[J]. 河北农业大学学报,

2005, 28(1): 83-87.

[9] 姚洪涛, 孙建恒, 周毅姝. 时间迭代步长对单层网壳非线性动力分析的影响[J]. 河北农业大学学报, 2005, 28(4): 108-112.

[10] 姚洪涛, 靳路明, 孙建恒, 等. 单层柱面正交异型网壳的非线性动力稳定全过程分析[J]. 河北农业大学学报, 2006, 29(4): 101-105.

[11] 赵淑丽, 孙建恒, 孙超. 点支承两向叉筒单层网壳结构非线性动力稳定分析[J]. 空间结构, 2007, 13(2): 11-16.

[12] 赵淑丽, 孙建恒, 孙超, 等. 单层叉筒网壳结构的几何非线性稳定矢跨比优化[J]. 河北农业大学学报, 2008, 31(1): 103-106.

[13] 路维, 孙建恒, 孙超, 等. K8 型单层球面网壳非线性动力稳定分析[J]. 河北农业大学学报, 2008, 32(2): 116-120.

[14] 王尚麒, 孙建恒, 王国栋, 等. 考虑杆件缺陷单层网壳动力稳定分析[J]. 河北农业大学学报, 2015, 38(2): 103-106, 112.

[15] 苏亮, 董石麟. 竖向多点输入下两种典型空间结构的抗震分析[J]. 工程力学, 2007, 24(2): 85-90.

[16] 樊永盛, 李彦君, 杜雷鸣, 等. 考虑下部结构的球面网壳在强震作用下的破坏机理研究[J]. 钢结构, 2009, 24(12): 1-4.

[17] Nakazawa S, Yanagisawa T, Kato S. Seismic loads for single layer reticulated domes and seismic performance evaluation[J]. Journal of Structural and Construction Engineering (Transactions of AIJ), 2014, 79(703): 1287-1297.

[18] 燕保军, 孙建恒, 赵淑丽, 等. 考虑底部框架共同作用下单层网壳几何非线性动力时程分析[J]. 工业建筑, 2007, 44(S1): 623-628.

[19] Sun J H, Li H M, Nooshin H, et al. Dynamic stability behaviour of lattice domes with substructures[J]. International Journal of Space Structures, 2014, 29(1): 1-7.

[20] 李红梅, 路维, 王军林, 等. 考虑下部支承结构的单层球面网壳的动力稳定分析[J]. 河北农业大学学报, 2016, 39(4): 104-108.

[21] 李红梅. 考虑下部支承体系的网壳结构动力响应及稳定性能研究[D]. 保定: 河北农业大学, 2016.

[22] Li Y Q, Tamura Y. Nonlinear dynamic analysis for large-span single-layer reticulated shells subjected to wind loading[J]. Wind and Structures, 2005, 8(1): 35-48.

[23] Uematsu Y, Sone T, Yamada M, et al. Wind-induced dynamic response and its load estimation for structural frames of single-layer latticed domes with long spans[J]. Wind and Structures, 2002, 5(6): 543-562.

[24] 黄友钦, 顾明. 风荷载下单层柱面网壳的动力稳定[J]. 振动与冲击, 2011, 30(2): 39-43, 59.

[25] Wang J L, Li H M, Ren X Q, et al. Wind induced bucking analysis of single layer lattice domes[C]. Proceedings of Asia-Pacific Conference on Shell and Spatial Structures, Seoul, 2012.

[26] 王军林, 李红梅, 任小强, 等. 单层柱面网壳结构风振系数及其参数分析[J]. 河北农业大学学报, 2012, 35(3): 125-130.

[27] 王军林, 李红梅, 郭华, 等. 风荷载下单层柱面网壳弹塑性动力失效破坏有限元分析[J]. 空间结构, 2013, 19(4): 40-46, 80.

[28] 王军林, 李红梅, 郭华, 等. 风荷载下单层球面网壳弹塑性动力失效破坏研究[J]. 河北农业大学学报, 2014, 37(4): 107-112.

[29] 王军林, 郭华, 任小强, 等. 灾害风荷载下温室单层柱面网壳整体动力倒塌分析[J]. 农业工程学报, 2017, 33(9): 195-203.

[30] Kato S, Iwamoto T. Buckling and reliability analysis of single layer grid dome with diagonal brace under snow load[J]. Journal of the International Association for Shell and Spatial Structures, 2017, 58(3): 207-225.

[31] 杜文风, 高博青, 董石麟. 单层球面网壳结构屋面雪荷载最不利布置研究[J]. 工程力学, 2014, 31(3): 83-87, 92.

[32] 王军林, 李红梅, 任小强, 等. 不对称及非均匀雪荷载下单层球面网壳结构的稳定性能研究[J]. 空间结构, 2016, 22(4): 17-22.

[33] Wang J L, Guo H, Ma T F, et al. Sensitivity analysis of snow load distribution to single-layer cylindrical shell structures[J]. Advances in Engineering Research, 2017, 70(1): 102-106.

[34] 王猛, 王军林, 李红梅, 等. 不同雪荷载分布形式下弦支穹顶结构稳定性研究[J]. 河北农业大学学报, 2020, 43(4): 112-115, 120.

[35] Kapania R K. Stability of cylindrical shells under combined wind and snow loads[J]. Journal of Wind Engineering and Industrial Aerodynamics, 1990, 36(2): 937-948.

[36] 黄友钦, 顾明. 风雪耦合作用下单层柱面网壳的动力稳定[J]. 工程力学, 2011, 28(11): 210-217, 224.

[37] 王宁, 王军林, 孙建恒. 风雪荷载作用下柱面网壳结构的动力倒塌分析[J]. 河北农业大学学报, 2016, 39(1): 110-114.

[38] 毕长坤, 王军林, 孙建恒. 不同积雪模式下球面网壳风致动力稳定分析[J]. 河北农业大学学报, 2018, 41(1): 92-99.

第2章 地震作用下网壳结构动力响应及稳定分析

2.1 地震作用下网壳结构的动力响应分析

网壳结构特别是单层网壳结构,一般认为是几何非线性特征显著的结构体系,在受力过程中会出现非常明显的大位移变形,因此在单层网壳结构的动力稳定分析中必须要考虑几何非线性问题;同时,在地震作用特别是强震作用下,网壳部分杆件可能会出现塑性发展,在网壳动力时程反应分析过程中也需要同时考虑材料非线性问题。结构动力稳定性判定准则众多,但缺乏适用于各种结构体系的统一判定准则。Budiansky-Roth判定准则[1]和Hsu C S判定准则[2]在网壳结构稳定性问题中是实用的判定方法。

2.1.1 网壳结构的动力响应分析方法

1. 网壳几何非线性分析理论

在几何非线性有限元法中,平衡方程由变形后的位移变形描述,结构的刚度矩阵是节点位移的函数。设节点位移为δ,结构的平衡方程为

$$K(\delta)\delta - R = 0 \tag{2.1}$$

式(2.1)为非线性方程组,记非线性方程为

$$\psi(\delta) = K\delta - R = 0 \tag{2.2}$$

采用牛顿-拉弗森(Newton-Raphson)方法求解非线性方程组,引入微小增量,迭代过程为

$$\delta_{n+1} = \delta_n + \Delta\delta_{n+1} \tag{2.3}$$

式中,$\Delta\delta_{n+1}$满足

$$K_{Tn}\Delta\delta_{n+1} = R - K(\delta_n)\delta_n \tag{2.4}$$

其中,K_{Tn}为切线刚度矩阵,可表示为

$$K_{Tn} = \left(\frac{\mathrm{d}\psi(\delta)}{\mathrm{d}\delta}\right)_n \tag{2.5}$$

在每一个迭代步中,通过求解切线刚度矩阵K_{Tn}进行迭代求解,即为Newton-Raphson方法。

2. 网壳材料非线性分析理论

　　上部网壳杆件一般选用圆钢管，网壳结构下部支承体系选用钢柱与混凝土柱两种不同材料。网壳杆件在强震作用下，部分杆件可能会进入塑性发展状态，因此在进行单层网壳结构动力响应分析时，需要考虑钢材的塑性性能，假设钢材材料本构关系为双线性等向强化弹塑性模型，采用米泽斯屈服准则和普朗特-罗伊斯塑性流动法则。混凝土材料本身为弹塑性材料，其弹塑性本构关系较为复杂，尤其是在动力荷载作用下，混凝土的滞回性能更为复杂，因主要研究支承结构对网壳动力稳定临界加速度的影响，不对混凝土结构的动力性能进行深入研究，所以只考虑其弹塑性的影响。基于以上考虑，混凝土材料本构模型采用多线性随动强化模型。根据 GB 50010—2010《混凝土结构设计规范》[3]，强度为 C30 的混凝土抗压强度设计值为 14.3MPa，C30 混凝土应力-应变对应关系分别见表 2.1 和图 2.1。

表 2.1　C30 混凝土应力-应变参数

应变/10^{-6}	50	200	400	600	800	1000	1200	1400	1600	1800	2000	2300	2500
应力/MPa	1.5	2.72	5.15	7.29	9.15	10.73	12.01	13.01	13.73	14.16	14.3	14.1	13.91

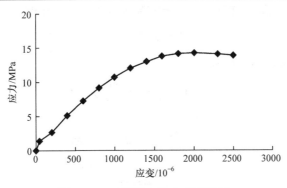

图 2.1　C30 混凝土应力-应变曲线

　　当结构材料发生塑性变形时，总应变可认为由两部分组成：

$$\boldsymbol{\varepsilon}_{ij} = \boldsymbol{\varepsilon}_{ij}^{e} + \boldsymbol{\varepsilon}_{ij}^{p} \tag{2.6}$$

即总应变为弹性应变和塑性应变之和。增量形式的弹塑性应力-应变关系为

$$\mathrm{d}\boldsymbol{\sigma} = \boldsymbol{D}_{ep}\mathrm{d}\boldsymbol{\varepsilon} \tag{2.7}$$

式中，$\boldsymbol{D}_{ep}$ 为弹塑性矩阵。

　　当材料进入塑性后，式(2.7)可用增量方程表示为

$$\Delta\boldsymbol{\sigma} = \boldsymbol{D}_{ep}\boldsymbol{\varepsilon} \tag{2.8}$$

且认为 D_{ep} 仅与加载前应力水平有关，与应力和应变的增量无关。

用有限元法求解弹塑性材料非线性问题时，与求解几何非线性问题同理，也可采用增量法(或称增量加载法)进行求解。在求解过程中通常假设按比例施加荷载，将结构的弹性极限荷载作为第一个增量，再将其余荷载等分后分别进行加载。

3. 网壳动力响应分析方法

1) 网壳结构与下部支承体系阻尼计算模型

网壳结构的动力平衡微分方程为

$$M\ddot{u}(t) + C\dot{u}(t) + Ku(t) = P(t) \tag{2.9}$$

式中，M 为质量矩阵；C 为阻尼矩阵；K 为刚度矩阵；$P(t)$ 为荷载向量。

动力响应分析中的阻尼计算较为复杂，不同的材料具有不同的能量耗散机理。网壳结构下部支承体系选取钢柱与混凝土柱，因此阻尼需根据下部支承体系的不同材料进行计算。

当下部支承体系采用钢柱时，网壳与支承柱均为钢材，此时工程中通常假设材料阻尼为比例阻尼。在分析下部支承结构为钢柱时，结构材料阻尼采用瑞利(Rayleigh)阻尼。阻尼矩阵可由质量矩阵和刚度矩阵线性比例关系表示为

$$C = \alpha M + \beta K \tag{2.10}$$

α 和 β 的确定方法分别为

$$\alpha = \frac{4\pi\xi}{T_i + T_j} = \frac{2\omega_i\omega_j\xi(\omega_j - \omega_i)}{\omega_j^2 - \omega_i^2} \tag{2.11}$$

$$\beta = \frac{T_iT_j\xi}{\pi(T_i + T_j)} = \frac{2\xi(\omega_j - \omega_i)}{\omega_j^2 - \omega_i^2} \tag{2.12}$$

在实际工程中，ω_i 和 ω_j 一般取结构的第一阶和第二阶圆频率。GB 50009—2012《建筑结构荷载规范》[4]建议混凝土结构阻尼比 ξ 取 0.05，钢结构阻尼比 ξ 取 0.015~0.025，此处选取钢材阻尼比为 0.02。

当下部支承结构和圈梁均采用混凝土材料时，上部网壳杆件为钢材，此时整体结构由两种不同的材料组成。钢材和混凝土的能量耗散机理不同，因此阻尼之间不再是比例阻尼体系，而是非比例阻尼体系，应按上部网壳与下部混凝土支承柱作为整体结构考虑阻尼关系。通常利用位能加权平均法求整体结构的阻尼比。位能加权平均法首先分别计算出上部网壳结构中钢杆件、下部混凝土柱的位能，然后位能与各自阻尼比相乘后，采用加权平均法计算整体结构的阻尼比。其表达式为

$$\xi = \frac{\displaystyle\sum_{i=1}^{n} \xi_i W_i}{\displaystyle\sum_{i=1}^{n} W_i} \tag{2.13}$$

式中，ξ 为整个结构的阻尼比；ξ_i 为第 i 个构件的阻尼比，钢材阻尼比为 0.02，混凝土阻尼比为 0.05；W_i 为第 i 个构件的位能，计算公式为

$$W_i = \frac{L_i}{6(EI)_i}(M_{ai}^2 + M_{bi}^2 + M_{ai}M_{bi}) \tag{2.14}$$

式中，M_{ai}、M_{bi} 为作用在第 i 个梁单元两端的弯矩；L_i 为第 i 个梁单元长度；E 为单元弹性模量；I 为单元惯性矩。

用式(2.13)求解出整体结构的阻尼比后，可用式(2.11)和式(2.12)计算结构的 Rayleigh 阻尼系数。

2) 网壳结构动力响应分析方法

式(2.9)为网壳结构动力平衡微分方程，求解方法有振型叠加法和直接积分法。直接积分法求解过程较为简略，并且适用范围广泛，此处选用 Newmark-β 法进行动力平衡微分方程的求解。Newmark-β 法是对所求方程进行直接逐步积分的方法，实质上是线性加速度法的推广应用，能很好地适应非线性问题的计算。假设

$$\dot{u}_{t+\Delta t} = \dot{u}_t + [(1-\eta)\ddot{u}_t + \beta\ddot{u}_{t+\Delta t}]\Delta t \tag{2.15}$$

$$u_{t+\Delta t} = u_t + \dot{u}\Delta t + \left[\left(\frac{1}{2}-\gamma\right)\ddot{u}_t + \gamma\ddot{u}_{t+\Delta t}\right]\Delta t^2 \tag{2.16}$$

式中，η 和 γ 为按积分的精度和稳定性要求进行调整的参数。当 $\eta = 0.5$ 和 $\gamma = 0.25$ 时，为常平均加速度法，即假定从 t 到 $t + \Delta t$ 时刻的加速度不变，取为常数 $\frac{1}{2}(\ddot{u}_t + \ddot{u}_{t+\Delta t})$。当 $\eta \geqslant 0.5$、$\gamma \geqslant 0.25(0.5+\eta)^2$ 时，Newmark-β 法是一种无条件稳定的求解方法。

由式(2.15)和式(2.16)可得到用 $u_{t+\Delta t}$ 及 u_t、$\dot{u}_t$、$\ddot{u}_t$ 表示的 $\ddot{u}_{t+\Delta t}$ 和 $\dot{u}_{t+\Delta t}$ 表达式为

$$\ddot{u}_{t+\Delta t} = \frac{1}{\gamma\Delta t^2}(u_{t+\Delta t} - u_t) - \frac{1}{\gamma\Delta t}\dot{u}_t - \left(\frac{1}{2\gamma}-1\right)\ddot{u}_t \tag{2.17}$$

$$\dot{u}_{t+\Delta t} = \frac{\beta}{\gamma\Delta t}(u_{t+\Delta t} - u_t) + \left(1-\frac{\beta}{\gamma}\right)\dot{u}_t + \left(1-\frac{\beta}{2\gamma}\right)\Delta t\ddot{u}_t \tag{2.18}$$

考虑 $t+\Delta t$ 时刻的动力平衡微分方程为

$$M\ddot{u}_{t+\Delta t} + C\dot{u}_{t+\Delta t} + Ku_{t+\Delta t} = P_{t+\Delta t} \tag{2.19}$$

将式(2.17)、式(2.18)代入式(2.19)，可得到关于 $u_{t+\Delta t}$ 的方程：

$$\bar{K}u_{t+\Delta t} = \bar{P}_{t+\Delta t} \tag{2.20}$$

式中，

$$\bar{K} = K + \frac{1}{\gamma\Delta t^2}M + \frac{\beta}{\gamma\Delta t}C$$

$$\bar{P} = P_{t+\Delta t} + M\left[\frac{1}{\gamma\Delta t^2}u_t + \frac{1}{\gamma\Delta t}\dot{u}_t + \left(\frac{1}{2\gamma}-1\right)\ddot{u}_t\right] + C\left[\frac{\beta}{\gamma\Delta t}u_t + \left(\frac{\beta}{\gamma}-1\right)\dot{u}_t + \left(\frac{\beta}{2\gamma}-1\right)\Delta t\ddot{u}_t\right]$$

求解式(2.19)可得 $u_{t+\Delta t}$，然后由式(2.17)和式(2.18)可解出 $\ddot{u}_{t+\Delta t}$ 和 $\dot{u}_{t+\Delta t}$。

由此，Newmark-β 法的计算步骤如下。

(1) 初始计算。

① 形成刚度矩阵 K、质量矩阵 M 和阻尼矩阵 C。

② 给定初始值 u_0、$\dot{u}_0$ 和 $\ddot{u}_0$。

③ 选择积分步长 Δt、参数 β 和 γ，并计算积分常数：

$$\alpha_0 = \frac{1}{\gamma\Delta t^2}，\quad \alpha_1 = \frac{\beta}{\gamma\Delta t}，\quad \alpha_2 = \frac{1}{\gamma\Delta t}，\quad \alpha_3 = \frac{1}{2\gamma}-1$$

$$\alpha_4 = \frac{\beta}{\gamma}-1，\quad \alpha_5 = \frac{\Delta t}{2}\left(\frac{\beta}{\gamma}-2\right)，\quad \alpha_6 = \Delta t(1-\beta)，\quad \alpha_7 = \beta\Delta t$$

④ 形成有效刚度矩阵 $\bar{K} = K + \alpha_0 M + \alpha_1 C$。

(2) 对每个时间步的计算。

① 计算 $t+\Delta t$ 时刻的有效荷载：

$$\bar{P}_{t+\Delta t} = P_{t+\Delta t} + M(\alpha_0 u_t + \alpha_2 \dot{u}_t + \alpha_3 \ddot{u}_t) + C(\alpha_1 u_t + \alpha_4 \dot{u}_t + \alpha_5 \ddot{u}_t)$$

② 求解 $t+\Delta t$ 时刻的位移：

$$\bar{K}u_{t+\Delta t} = \bar{P}_{t+\Delta t}$$

③ 计算 $t+\Delta t$ 时刻的速度和加速度：

$$\dot{u}_{t+\Delta t} = \dot{u}_t + \alpha_6 \ddot{u}_t + \alpha_7 \ddot{u}_{t+\Delta t}$$

$$\ddot{u}_{t+\Delta t} = \alpha_0(u_{t+\Delta t} - u_t) - \alpha_2 \dot{u}_t - \alpha_3 \ddot{u}_t$$

Newmark-β 方法是一种无条件稳定的隐式积分格式，时间步长 Δt 的选取不影响求解的稳定性，Δt 主要根据解的精度确定。

2.1.2 网壳结构的动力稳定分析方法

1. 网壳结构动力稳定分析技术路线

Budiansky-Roth 判定准则思想起源于结构静力稳定问题中的极值点失稳，即当施加微小增量荷载幅值时会引起结构突然增大的响应，此时可将此荷载定义为动力稳定的临界荷载。Budiansky-Roth 判定准则在具体实施过程中是对结构进行非线性的动力响应分析，进而确定结构的荷载-最大动力响应参数曲线，一般情况下为结构的动力加速度与节点最大位移曲线，只要此曲线上某一点出现微小加速度增量引起位移的快速增大，则可认为该点为结构动力稳定的临界点，相应的加速度为结构的动力稳定临界加速度。

Hsu C S 判定准则认为当荷载处于某一临界值时，系统的运动轨迹会围绕初始平衡位置或者偏离初始平衡位置，此临界状态即为结构的稳定状态。对于具体的结构，应用 Hsu C S 判定准则可有效定义结构稳定上限与失稳下限。

在进行网壳与下部支承体系动力稳定性问题分析时，采取结构的全过程动力响应计算方法。具体技术路线是对结构施加逐步增大的动力荷载(加速度)时程，在施加动力加速度时程时，保持时程曲线的频率不变，只是同比例放大加速度值。对应每步增大的动力时程进行结构动力非线性时程分析，在计算过程中，记录结构各种特征响应(位移、应变等)，然后绘制荷载与结构特征响应幅值的关系曲线。通过观察结构动力荷载与结构特征响应幅值关系曲线以及节点的时程响应曲线，可分析随荷载幅值增大时结构动力性能的变化情况和确定结构动力稳定临界加速度。

2. 网壳结构动力稳定判定准则

在判定网壳结构的动力稳定临界点时，大部分研究者均采用 Budiansky-Roth 判定准则。在数值分析中发现网壳结构的动力加速度与最大位移之间的关系曲线会出现两种形式(图 2.2)。其中，曲线类型 I 具有明显临界点，根据 Budiansky-Roth 判定准则易判定网壳的临界加速度就是 a 点所对应的加速度。

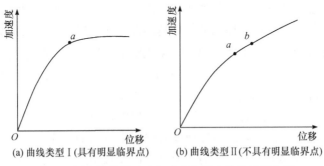

(a) 曲线类型 I (具有明显临界点)　　(b) 曲线类型 II (不具有明显临界点)

图 2.2　网壳结构的动力加速度与最大位移关系曲线

对于如图 2.2(b)所示曲线类型 II 的动力加速度与节点最大位移曲线，由于未出现由微小加速度增量引起的位移快速增大的明显临界点，仅根据动力加速度与节点最大位移曲线很难判断网壳结构的动力稳定临界点。此时可查看节点的动力位移时程曲线，利用 Hsu C S 判定准则来判断网壳的动力稳定临界点。具体分析方法：查看曲线类型 Ⅱ 中 *a* 点的节点位移时程曲线，如图 2.3(a)所示，动力加速度增加一个微小增量后 *b* 点的节点位移时程曲线如图 2.3(b)所示，若曲线类型 Ⅱ 中 *a* 点的动力位移时程曲线开始在节点原平衡位置附近振荡，并逐渐出现偏离原平衡位置的趋势，当动力加速度增加一个微小增量后，节点的位移时程曲线将出现曲线类型 Ⅱ 中 *b* 点那样已明显偏离原平衡位置的现象，则可根据 Hsu C S 判定准则判定网壳的动力稳定临界点为 *a* 点，其所对应的加速度即为动力稳定临界加速度[5]。

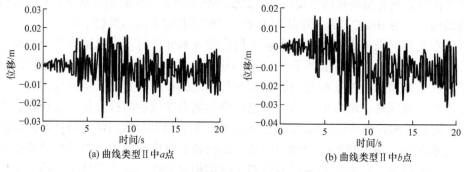

(a) 曲线类型Ⅱ中*a*点　　　　　　　　(b) 曲线类型Ⅱ中*b*点

图 2.3　网壳结构节点的动力位移时程曲线

2.2　单层球面网壳结构动力稳定分析

2.2.1　地震波的输入与调整方法

比例法是先选择一个地质、地震条件及地震动参数尽量符合各项要求的地震动记录，若地震动参数不完全符合要求，则可以将时间坐标 *t* 与加速度坐标 *a* 分别乘以适当的常数使它们满足各项要求。由于此方法可供调整的参数只有两个比例常数，所以只能满足最大加速度与卓越周期这两个要求。假设要求的地震动参数具有加速度峰值 a_{max}^0、卓越周期 T^0、持续时间 T_d^0。此方法首先要针对地震(震源机制、震级、距离)和地质(基岩或场地土)条件，选择尽可能满足这两类条件(地震与地质)的地震动记录 $a(t)$，但其加速度峰值 a、卓越周期 T 与持续时间 T_d 并不完全与所要求的相同。这时，可以采用两个比例常数 a^0/a 与 T^0/T 分别调整 $a(t)$ 的加速度坐标与时间坐标，以满足加速度峰值与卓越周期的要求。

在计算中不仅调节了地震波的加速度峰值而且调整了地震波的卓越周期，即地震波的作用时间。运用比例法，调整地震波加速度值，使加速度的峰值满足要求，分析网壳结构在竖直地震作用下的非线性动力稳定问题，并且同时调整地震波作用时间，分析地震作用时间对单层网壳的动力稳定影响。

计算中通常采用的地震波有天津波竖向(*Z* 向)的地震记录，时间为 1976 年 11 月 25 日，震级 *M* = 6.9，震中距 65km，地点为天津医院，时间间隔为 0.01s，点数为 1912，有效频宽为 0.30～35.00Hz，加速度峰值为 73.14cm/s²(第 9.03s)，持续时间为 19.11s，适合于三至四类场地土。天津波 Z 向地震加速度时程曲线如图 2.4 所示。

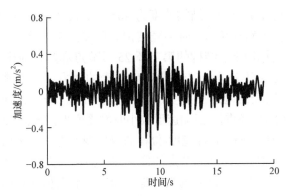

图 2.4　天津波 Z 向地震加速度时程曲线

2.2.2　单层球面网壳结构基本设计参数

K8 型单层球面网壳结构是单层网壳结构中应用较为广泛的，具有网格划分规则、受力合理等优点。计算所用的 K8 型单层球面网壳结构跨度为 40m。采用 Q235 钢，径向、斜向和环向杆件分别采用圆形钢管的尺寸为 $\phi 89mm \times 4.0mm$、$\phi 73mm \times 4.0mm$ 和 $\phi 63.5mm \times 3.5mm$。屋面板自重 0.35kN/m²，雪荷载 0.50kN/m²，g 取 9.8m/s²。计算模型不考虑结构阻尼。采用非线性动力稳定程序，计算网壳结构在不同地震加速度作用下的动力响应。网壳结构平面、部分节点编号分别如图 2.5 和图 2.6 所示。

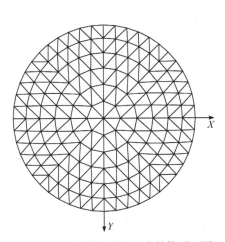

图 2.5　K8 型单层球面网壳结构平面图

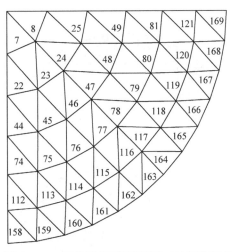

图 2.6　K8 型单层球面网壳结构 1/4 部分节点编号图

2.2.3　矢跨比对单层球面网壳结构动力稳定的影响

1. 矢跨比为 0.2 的 K8 型单层球面网壳结构动力响应及稳定分析

取结构的矢跨比 $f = 0.2$。结构跨度为 40m，矢高为 8m。结构周边铰支，其他结构参数不变。矢跨比为 0.2 时网壳结构立面如图 2.7 所示。分析结果表明，在不同地震加速度作用下，结构的第二环 25 号节点和其对应扇形区域的其他对称点动力失稳明显，以 25 号节点为例确定网壳的动力稳定临界加速度，节点位置如图 2.6 所示。网壳结构的加速度-位移全过程曲线如图 2.8 所示，其中的加速度为地震加速度峰值，余同。当加速度较小时网壳变形微弱(图 2.9(a))。当加速度达到 $0.3730g \sim 0.4103g$ 时，其加速度-位移曲线出现明显拐点(图 2.8)。开始时节点最大位移很小(图 2.10(a))，随后节点的最大位移突然增大(图 2.10(b)和(c))，说明网壳已处于动力失稳状态，网壳的失稳是由 25 号节点和其对称点共同失稳引起的，故取加速度-位移全过程曲线趋于平缓时所对应的加速度为网壳结构的动力稳定临界加速度，其大小约为 $0.3730g$，网壳结构失稳前后的变形如图 2.9(b)和(c)所示。随着失稳点失稳并达到新的平衡位置，网壳承载能力继续增加。随着加速度的增大，失稳点周围的节点相继失稳，失稳区域扩大。当加速度加大到 $0.6714g$ 时，结构的失稳区域进一步扩大，结构出现倒塌现象(图 2.9(d))。结构发生倒塌时节点的位移时程曲线如图 2.10(d)所示。

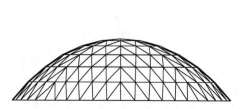

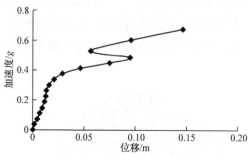

图 2.7　矢跨比为 0.2 的单层球面网壳结构立面图　　图 2.8　矢跨比为 0.2 的单层球面网壳结构的加速度-位移全过程曲线

(a) $a = 0.0373g$ (15.67s)

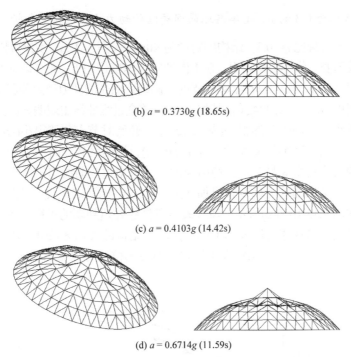

(b) $a = 0.3730g$ (18.65s)

(c) $a = 0.4103g$ (14.42s)

(d) $a = 0.6714g$ (11.59s)

图 2.9　不同加速度作用下矢跨比为 0.2 的单层球面网壳结构的变形图(放大 10 倍)

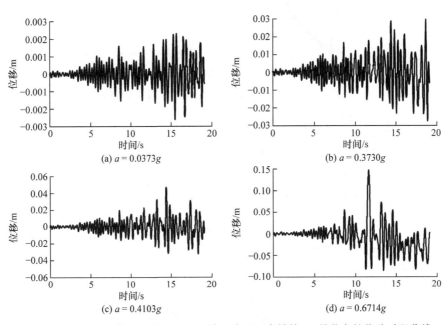

图 2.10　不同加速度作用下矢跨比为 0.2 的单层球面网壳结构 25 号节点的位移时程曲线(Z 向)

2. 矢跨比为 0.3 的 K8 型单层球面网壳结构动力响应及稳定分析

取结构的矢跨比 $f = 0.3$。结构的跨度为 40m，矢高为 12m。结构周边铰支，其他结构参数不变。分析结果表明，在不同地震加速度作用下，第一环 8 号节点最先失稳，如图 2.11 所示，在此以 8 号节点为例确定网壳的动力稳定临界加速度。当加速度达到 $0.2611g \sim 0.2984g$ 时，其加速度-位移全过程曲线出现明显拐点(图 2.11)。当加速度较小时，网壳变形很小(图 2.12(a))。开始时节点位移很小(图 2.13(a))，随后节点的最大位移突然增大(图 2.13(b)和(c))，说明网壳此时已处于动力失稳状态，网壳的失稳是由 8 号节点失稳引起的，故取全过程曲线趋于平缓时所对应的加速度为网壳结构的动力稳定临界加速度，其大小约为 $0.2611g$，网壳结构失稳前后的变形如图 2.12(b)和(c)所示。随着失稳点失稳并达到新的平衡位置，网壳承载能力继续增加。当加速度增大到 $0.6714g$ 时，结构的失稳区域进一步扩大，结构出现倒塌现象(图 2.12(d))。结构发生倒塌时节点的位移时程曲线如图 2.13(d)所示。

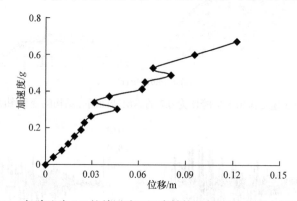

图 2.11　矢跨比为 0.3 的单层球面网壳结构的加速度-位移全过程曲线

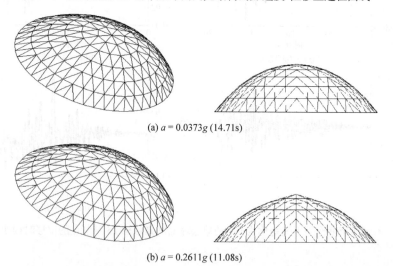

(a) $a = 0.0373g$ (14.71s)

(b) $a = 0.2611g$ (11.08s)

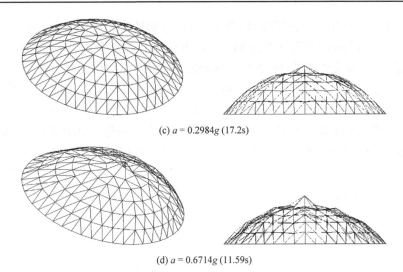

(c) $a = 0.2984g$ (17.2s)

(d) $a = 0.6714g$ (11.59s)

图 2.12　不同加速度作用下矢跨比为 0.3 的单层球面网壳结构的变形图(放大 10 倍)

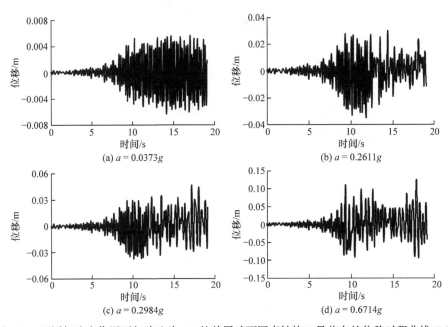

图 2.13　不同加速度作用下矢跨比为 0.3 的单层球面网壳结构 8 号节点的位移时程曲线(Z 向)

3. 矢跨比为 0.4 的 K8 型单层球面网壳结构动力响应及稳定分析

取结构的矢跨比 $f = 0.4$。结构的跨度为 40m，矢高为 16m。结构周边铰支，其他结构参数不变。分析结果表明，在不同地震加速度作用下，第一环 25 号节点最先失稳(图 2.14)，以 25 号节点为例确定网壳结构的动力稳定临界加速度。当地震加速度很小时网壳的变形很小(图 2.15(a))。当加速度达到 0.2984g～0.3357g 时，其加速度-位移曲线出现明显拐点(图 2.14)。开始时节点位移很小(图 2.16(a))，随后节点的最大位移突然增大(图 2.16(b)和(c))，说明网壳结构此时已处于动力失稳状态，网壳结构的失稳是由 25 号节点失稳引起的，故取全过程曲线趋于平缓时所对应的加速度为网壳结构的动力稳定临界加速度，其大小约为 0.2984g，网壳结构失稳前后的变形如图 2.15(b)和(c)所示。随着失稳点失稳并达到新的平衡位置，网壳结构承载能力继续增加。当加速度加大到 0.5968g 时，结构的失稳区域进一步扩大，结构出现倒塌现象(图 2.15(d))。结构发生倒塌时节点的位移时程曲线如图 2.16(d)所示。

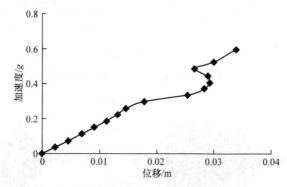

图 2.14　矢跨比为 0.4 的单层球面网壳结构的加速度-位移全过程曲线

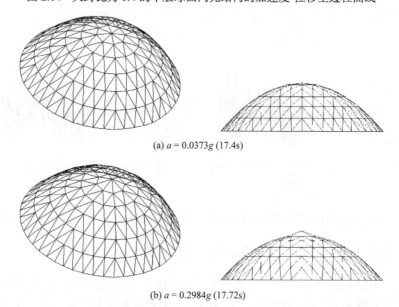

(a) $a = 0.0373g$ (17.4s)

(b) $a = 0.2984g$ (17.72s)

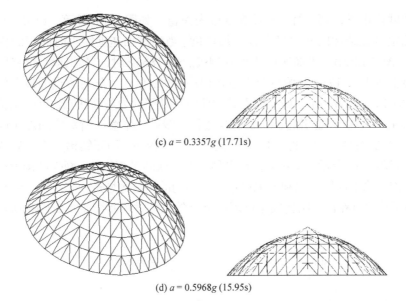

(c) $a = 0.3357g$ (17.71s)

(d) $a = 0.5968g$ (15.95s)

图 2.15　不同加速度作用下矢跨比为 0.4 的单层球面网壳结构的变形图(放大 10 倍)

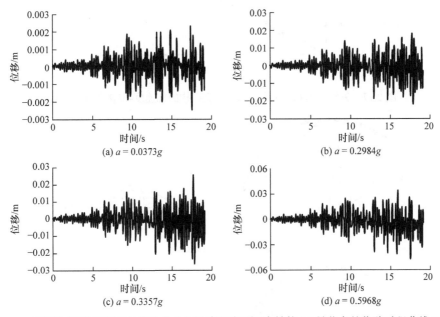

(a) $a = 0.0373g$

(b) $a = 0.2984g$

(c) $a = 0.3357g$

(d) $a = 0.5968g$

图 2.16　不同加速度作用下矢跨比为 0.4 的单层球面网壳结构 25 号节点的位移时程曲线(Z 向)

4. 矢跨比为 0.5 的 K8 型单层球面网壳结构动力响应及稳定分析

取结构的矢跨比 $f = 0.5$。结构的跨度为 40m，矢高为 20m，网壳结构所在圆的半径为 20m。结构周边铰支，其他结构参数不变。分析结果表明，在不同地震加速度作用下，第一环 48 号节点最先失稳，如图 2.17 所示，以 48 号节点为例确定网壳结构的动力稳定临界加速度。当地震加速度很小时网壳的变形依然很小(图 2.18(a))。当加速度达到 0.1492g～0.1865g 时，其加速度-位移曲线出现明显拐点(图 2.17)。开始时节点位移很小(图 2.19(a))，随后节点的最大位移突然增大(图 2.19(b)和(c))，说明网壳结构此时已处于动力失稳状态，网壳结构的失稳是由 48 号节点失稳引起的，故取全过程曲线趋于平缓时所对应的加速度为网壳结构的动力稳定临界加速度，其大小约为 0.1492g，网壳结构失稳前后的变形如图 2.18(b)和(c)所示。随着失稳点失稳并达到新的平衡位置，网壳结构承载能力继续增加。当加速度加大到 0.4103g 时，结构的失稳区域进一步扩大，结构出现倒塌现象(图 2.18(d))。结构发生倒塌时节点的位移时程曲线如图 2.19(d)所示。

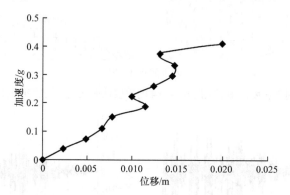

图 2.17　矢跨比为 0.5 的单层球面网壳结构的加速度-位移全过程曲线

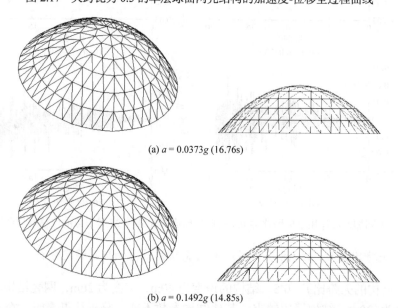

(a) $a = 0.0373g$ (16.76s)

(b) $a = 0.1492g$ (14.85s)

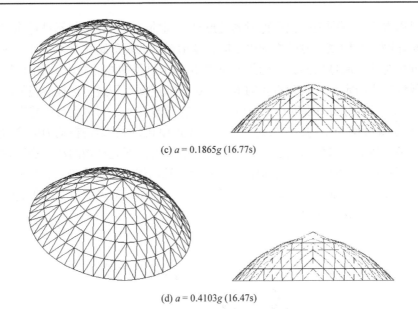

(c) a = 0.1865g (16.77s)

(d) a = 0.4103g (16.47s)

图 2.18　不同加速度作用下矢跨比为 0.5 的单层球面网壳结构的变形图(放大 10 倍)

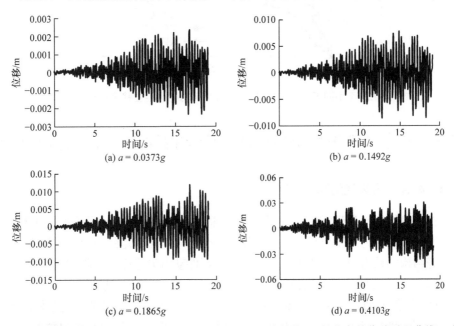

(a) a = 0.0373g

(b) a = 0.1492g

(c) a = 0.1865g

(d) a = 0.4103g

图 2.19　不同加速度作用下矢跨比为 0.5 的单层球面网壳结构 48 号节点的位移时程曲线(Z 向)

5. 结果对比分析

通过对周边铰支的 K8 型单层球面网壳结构矢跨比的变化，分析了网壳结构在不同加速度峰值作用下的动力响应及动力稳定性能，从各矢跨比失稳前后的变形图可以看出，不同矢跨比失稳时的变形是不同的，而且变形并不是对称变形。各矢跨比网壳结构倒塌时的变形也不同，变形最大的是矢跨比为 0.3 时。图 2.20 为不同矢跨比单层球面网壳结构的加速度-位移全过程曲线的对比，图中仅取对结构非线性动力稳定分析较为重要的 0～0.7g 的加速度范围进行比较。当矢跨比为 0.3 时，网壳结构动力刚度小，所以倒塌时的变形最大。同时也可以看出，对于 K8 型单层球面网壳结构，当矢跨比为 0.2、0.4 和 0.5 时，结构在动力失稳前的动力刚度都比较大，且较为接近。随着矢跨比的增大，网壳结构的动力稳定临界加速度有所降低。在网壳结构的加速度-位移全过程曲线上接近失稳时，全过程曲线呈现水平或平缓地加剧，临界点也较容易判断，失稳时节点的位移时程曲线偏离最初的平衡位置并不明显。

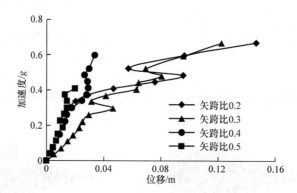

图 2.20　不同矢跨比单层球面网壳结构的加速度-位移全过程曲线

2.3　考虑杆件失稳单层球面网壳结构弹塑性动力稳定分析

2.3.1　杆件动力失稳的判定准则

在网壳结构承受强震作用时，杆件的位移及内力是随着动力荷载的变化而变化的，而杆件的内力除主要承受轴力之外，还受到弯矩和扭矩的作用。到目前为止，在网壳结构的动力稳定分析中还未见到考虑杆件动力失稳影响的研究。参考已有文献[6,7]及轴心受压杆件静力失稳的概念，建立杆件动力失稳的判别准则如下[5]。

(1) 杆件的动力加速度与最大动力位移的关系应满足 2.1.2 节网壳结构的失稳判定准则，即杆件的加速度与最大动力位移的关系曲线上出现明显的微小动力加速度增量导致位移迅速增大的点，或微小的动力加速度增量导致节点的位移时程曲线明显偏离原振动平衡位置。

(2) 考虑到杆件节点的位移受杆件两端网壳节点位移引起的刚体位移的影响较大，以杆件的主要内力轴力为指标，来判断杆件的动力失稳，当杆件处于动力平衡状态时,杆件的最大受压轴力随着动力加速度的增大而增大,增大到某一点后,当微小的动力加速度增量导致最大受压轴力的快速减小时,可认为该杆件已动力失稳。

若杆件的动力位移和最大受压轴力同时满足以上两个条件,则可以认为该杆件已动力失稳。以上第一个条件是用 Budiansky-Roth 判定准则和 Hsu C S 判定准则相结合来判断杆件的动力失稳,但当杆件两端位于网壳上的节点也处于动力失稳时,即使杆件处于稳定状态,两端网壳上的节点位移引起杆件内部节点的刚体位移也会出现条件(1)所述的情况,所以仅仅以条件(1)来判断可能导致误判。第二个条件是在第一个条件的基础上进一步判断杆件内部节点的动力位移是否是由杆件本身的振动所引起的。当杆件的最大位移由杆件本身的振动引起时,最大位移达到一定值,杆件截面上应力分布的不均匀必然会导致弯矩的迅速增大,而轴力迅速下降,使杆件丧失动力稳定。

2.3.2　单层球面网壳结构有限元计算模型

采用 K8 型单层球面网壳结构,跨度为 50m,矢高为 10m,下部支承结构采用钢柱。为了考虑杆件失稳对结构整体稳定性的影响,杆件初始弯曲缺陷采用半波正弦曲线形式,杆件的缺陷幅值为 $L_0/250$,L_0 为杆件长度,杆件初始弯曲表达式为

$$y = \frac{L_0}{250}\sin\left(\frac{x}{L_0}\pi\right) \tag{2.21}$$

建模过程中首先利用绘图软件建立杆件半波正弦曲线模型,然后使用通用有限元分析软件 ANSYS 建立数值模拟有限元模型,考虑到分析精度和计算效率,每根杆件划分为 8 个单元,节点总数为 4958 个,单元数为 5602 个。考虑杆件初始弯曲的有限元模型如图 2.21 所示。本节对下部钢柱支承的网壳结构进行了动力响应分析,地震波采用 El Centro 三向地震波。

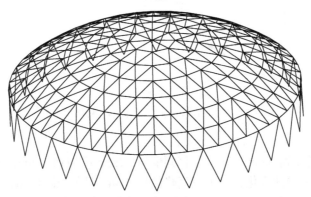

图 2.21　带下部钢柱支承的单层球面网壳结构计算模型

2.3.3 杆件初始弯曲对网壳结构动力稳定的影响

为了分析杆件初始弯曲对网壳结构动力稳定性的影响，本节对支承柱截面为 $\phi194\text{mm} \times 8\text{mm}$ 的网壳结构进行动力稳定分析，分析时上部网壳各杆件考虑了初始弯曲。分析结果表明，网壳结构的最大位移为节点 1185 的竖向位移，节点编号如图 2.22 所示，分析结果如图 2.23 和图 2.24 所示。

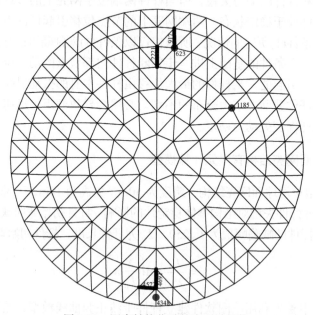

图 2.22　网壳结构位移较大区域杆件

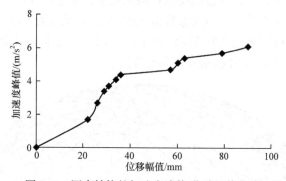

图 2.23　网壳结构的加速度峰值-位移幅值曲线

图 2.23 为网壳结构的加速度峰值-位移幅值曲线。从图中可知，当加速度峰值从 1.7m/s² 增加到 4.4m/s² 时，位移幅值从 22mm 增加到 36mm，位移幅值与加速度峰值基本呈线性变化；当加速度峰值从 4.4m/s² 增加到 4.7m/s² 时，位移幅值从 36mm 增加到 57mm，加速度峰值增加很小，但位移幅值增加得比较快。由

Budiansky-Roth 判定准则可知，网壳结构的动力稳定临界加速度为 4.4m/s²。

图 2.24 为不同加速度峰值时节点 1185 的位移时程曲线。从图中可知，加速度峰值为 4.1m/s² 时，节点的振动平衡位置未出现偏移，节点处于稳定的平衡状态。当加速度峰值增加到 4.4m/s² 时，节点的振动平衡位置出现明显偏移，随着时间的延长呈发散趋势，此时网壳结构动力失稳。

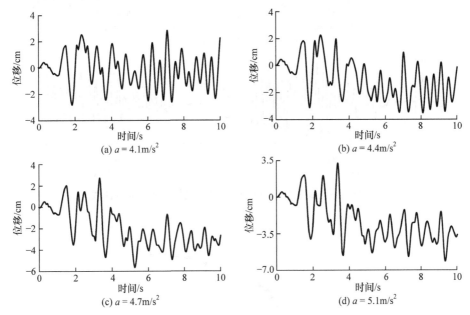

(a) $a = 4.1\text{m/s}^2$

(b) $a = 4.4\text{m/s}^2$

(c) $a = 4.7\text{m/s}^2$

(d) $a = 5.1\text{m/s}^2$

图 2.24 不同加速度峰值时节点 1185 的位移时程曲线

不考虑杆件初始弯曲时，网壳的动力稳定临界加速度为 9.2m/s²；考虑杆件初始弯曲时，网壳的动力稳定临界加速度为 4.4m/s²，降低了 52.2%，稳定承载力显著下降，杆件初始弯曲对网壳结构动力稳定性影响很大。

本节选取位移较大节点周围区域的杆件(图 2.22)，分析这些杆件的稳定性，选取 4 根杆件的分析结果(图 2.25～图 2.33)。

图 2.25 为不同加速度峰值时单元 2221 的轴向压力时程曲线。由图可知，当加速度峰值由 4.1m/s² 增至 4.4m/s² 时，单元的轴向压力峰值随着加速度峰值的增加反而降低，由此可以判定此单元对应的杆件在 4.1m/s² 时动力失稳。从图 2.26 可以看出，当加速度峰值从 1.7m/s² 增加到 4.1m/s² 时，单元 2221 中间节点位移幅值从 19.2mm 增加到 36.6mm，位移幅值与加速度峰值基本呈线性变化；当加速度峰值从 4.1m/s² 增加到 4.4m/s² 时，位移幅值从 36.6mm 增加到 46.8mm，加速度峰值增加很小，但位移幅值增加得比较快。由 Budiansky-Roth 判定准则可知，该单元对应的杆件动力稳定临界加速度为 4.1m/s²。从图 2.27 可以看出，在加速度峰

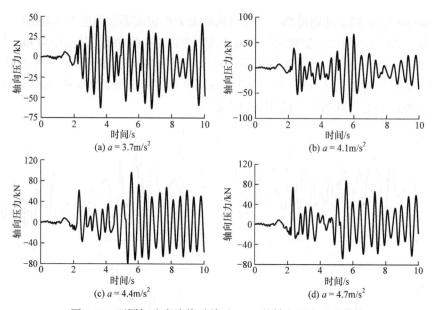

(a) $a = 3.7\text{m/s}^2$

(b) $a = 4.1\text{m/s}^2$

(c) $a = 4.4\text{m/s}^2$

(d) $a = 4.7\text{m/s}^2$

图 2.25 不同加速度峰值时单元 2221 的轴向压力时程曲线

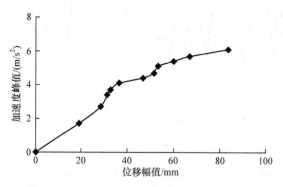

图 2.26 单元 2221 中间节点 2080 的加速度峰值-位移幅值曲线

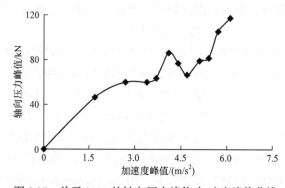

图 2.27 单元 2221 的轴向压力峰值-加速度峰值曲线

值为 3.0m/s² 时，随着加速度峰值的增加，杆件轴向压力虽有很小的降低，但不明显，综合杆件单元中间节点位移变化情况，2221 单元对应的杆件动力稳定临界加速度确定为轴向压力出现明显下降的 4.1m/s²。

图 2.28 为不同加速度峰值时单元 917 的轴向压力时程曲线。由图可知，当加速度峰值由 4.1m/s² 增至 4.4m/s² 过程中，单元的压力峰值随着加速度峰值的增加反而有所降低。这一点从图 2.29 的 917 单元的轴向压力峰值-加速度峰值曲线中可以体现得更加明显，由此可以判定在 4.1m/s² 时，此单元对应的杆件动力失稳。

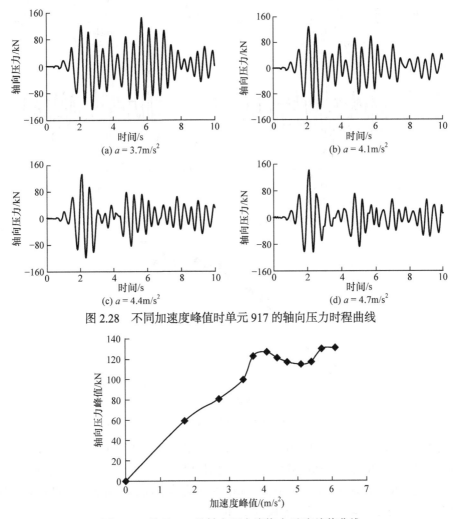

图 2.28　不同加速度峰值时单元 917 的轴向压力时程曲线

图 2.29　单元 917 的轴向压力峰值-加速度峰值曲线

图 2.30 为不同加速度峰值时单元 4572 的轴向压力时程曲线，图 2.31 为单元 4572 的轴向压力峰值-加速度峰值曲线。同样从图中可知，当加速度峰值由 4.1m/s²

增至 4.4m/s² 时，单元的压力峰值随着加速度峰值的增加反而有所降低，由此可以判定在 4.1m/s² 时，此单元对应的杆件动力失稳。

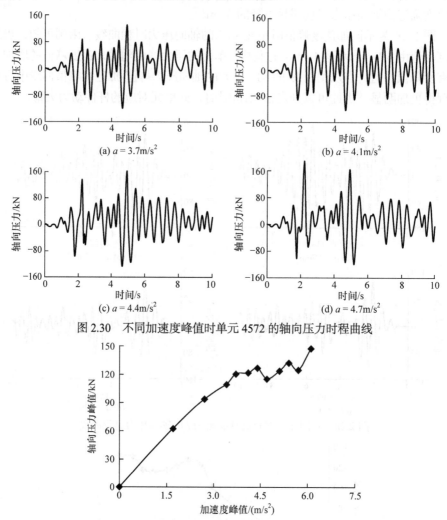

(a) $a = 3.7\text{m/s}^2$

(b) $a = 4.1\text{m/s}^2$

(c) $a = 4.4\text{m/s}^2$

(d) $a = 4.7\text{m/s}^2$

图 2.30　不同加速度峰值时单元 4572 的轴向压力时程曲线

图 2.31　单元 4572 的轴向压力峰值-加速度峰值曲线

图 2.32 为不同加速度峰值时单元 4692 的轴向压力时程曲线，图 2.33 为单元 4692 的轴向压力峰值-加速度峰值曲线。由图可知，当加速度峰值由 2.7m/s² 增至 3.4m/s² 时，单元的轴向压力峰值随着加速度峰值的增加迅速降低，由此可以确定此单元对应的杆件动力失稳加速度为 2.7m/s²。

单元 917、单元 2221 及单元 4572 对应的杆件在加速度峰值增至 4.1m/s² 时出现动力失稳；而单元 4692 对应的杆件在加速度峰值为 2.7m/s² 时就出现了明显的动力失稳。这些杆件的动力稳定临界加速度均小于网壳结构的动力稳定临界加速度 4.4m/s²。

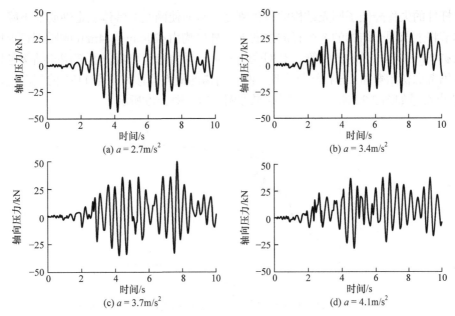

图 2.32　不同加速度峰值时单元 4692 的轴向压力时程曲线

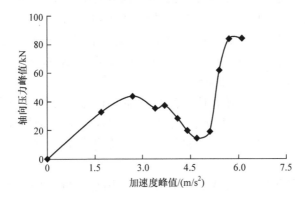

图 2.33　单元 4692 的轴向压力峰值-加速度峰值曲线

以上分析结果表明，当考虑杆件的初始弯曲时，网壳单个杆件或部分杆件的屈曲可能先于网壳结构的失稳，网壳杆件的失稳降低了整个网壳结构的刚度，使得整个网壳结构的稳定承载力显著降低，进而降低结构的抗震性能。对于整体失稳前可能存在杆件失稳的网壳结构，分析其动力稳定时引进杆件初始弯曲来考虑杆件失稳的影响是必要的。

2.3.4　加强肋杆截面网壳结构动力稳定分析

考虑杆件的初始弯曲缺陷以后，整个网壳结构的稳定承载力明显降低，究其原因是部分杆件截面太小，致使部分杆件在网壳整体失稳之前已经失稳，部分单个杆件的失稳降低了网壳结构的整体刚度，从而使网壳的整体稳定性明显下降。本节将上部网壳结构的 8 个径向主肋上的杆件均由 $\phi 70\text{mm} \times 4\text{mm}$ 的圆钢管更换为 $\phi 108\text{mm} \times 4\text{mm}$ 的圆钢管，对网壳结构进行动力稳定分析，上部网壳结构各杆件仍考虑初始弯曲。分析结果表明，网壳结构的最大位移为节点 1185 的竖向位移(节点编号如图 2.22 所示)，分析结果如图 2.34～图 2.40 所示。

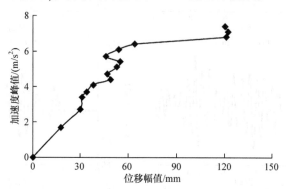

图 2.34　加强肋杆截面网壳结构的加速度峰值-位移幅值曲线

图 2.34 为网壳结构的加速度峰值-位移幅值曲线。从图中可知，当加速度峰值从 1.7m/s^2 增加到 6.4m/s^2 时，位移幅值从 18mm 增加到 64mm，位移增加缓慢；当加速度峰值从 6.4m/s^2 增加到 6.8m/s^2 时，位移幅值从 64mm 增加到 121mm，加速度峰值增加很小，但位移幅值增加变快。由 Budiansky-Roth 判定准则可知，网壳的动力稳定临界加速度为 6.4m/s^2。

图 2.35 为不同加速度峰值时节点 1185 的位移时程曲线。从图中可知，加速度峰值为 6.4m/s^2 时，节点的振动平衡位置开始出现偏移，此时网壳结构动力失稳。当加速度峰值继续增加时，节点的振动平衡位置偏移得更加明显，随着时间的增加呈发散趋势。

从以上分析结果以及 2.3.3 节的结果可知，当网壳结构的 8 个径向主肋上的杆件由 $\phi 70\text{mm} \times 4\text{mm}$ 的圆钢管变为 $\phi 108\text{mm} \times 4\text{mm}$ 的圆钢管后，网壳的动力稳定临界加速度由 4.4m/s^2 增加至 6.4m/s^2，稳定承载力有明显提高。

本节仍选取四根杆件，分析其单个杆件的稳定性。图 2.36、图 2.37 和图 2.38 分别为单元 2221、单元 4692 和单元 4572 所对应杆件的轴向压力峰值-加速度峰值曲线，按照上述分析，可得出杆件动力稳定临界加速度分别为 5.1m/s^2、4.7m/s^2 及 5.1m/s^2。其中，单元 4572 所对应的杆件截面仍为 $\phi 70\text{mm} \times 4\text{mm}$，并未加强。与 2.3.3 节主肋杆件未加强的分析结果相比较(表 2.2)，可发现这三个杆件单元的动力稳定临界加速度得到大幅度的提高，尤其是单元 4692 所对应的杆件由 2.7m/s^2 提高到 4.7m/s^2，这说明增大杆件截面面积来提高杆件的稳定性能是提高网壳结构整体动力稳定性的主要途径。

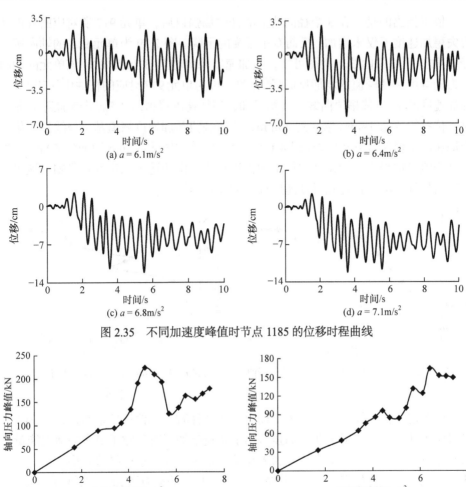

图 2.35　不同加速度峰值时节点 1185 的位移时程曲线

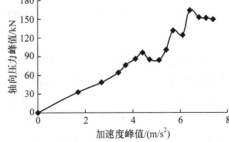

图 2.36　单元 2221 的轴向压力峰值-加速度　　图 2.37　单元 4692 的轴向压力峰值-加速度
　　　　　　　峰值曲线　　　　　　　　　　　　　　　　峰值曲线

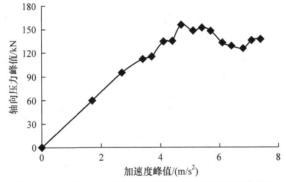

图 2.38　单元 4572 的轴向压力峰值-加速度峰值曲线

　　值得指出的是，在 8 个径向肋上的杆件加强以后，单元 917 所对应的杆件动力失稳加速度不仅未增加，反而有小幅度的下降。图 2.39 为单元 917 的轴向压力峰值-加速度峰值曲线。由图可知，当加速度峰值增至 3.7m/s² 时，该单元的轴向压力随着加速度峰值的增加反而降低。图 2.40 为单元 917 对应的杆件中间节点 887 的加速度峰值-位移幅值曲线。由图可知，当加速度峰值从 1.7m/s² 增加到 3.7m/s² 时，位移幅值从 14mm 增加到 35mm，位移幅值与加速度峰值基本呈线性变化；当加速度峰值从 3.7m/s² 增加到 4.1m/s² 时，位移幅值从 35mm 增加到 60mm，加速度峰值增加很小，但位移幅值增加得比较快，由前述的判定准则可知，该单元对应的杆件的动力稳定临界加速度峰值为 3.7m/s²。

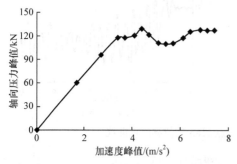

图 2.39　单元 917 的轴向压力峰值-加速度峰值　　　　图 2.40　节点 887 的加速度峰值-位移幅值
　　　　　　　　　曲线　　　　　　　　　　　　　　　　　　　　曲线

　　由上述分析可知，在加强 8 个径向主肋杆件时，其他杆件未加强，而 917 单元对应的杆件非常接近主肋，加强后的主肋较未加强时吸收了更多的地震能量，从而导致其邻近的杆件动力响应加大和动力稳定临界加速度峰值减小。

　　表 2.2 为不同情况下整个网壳结构以及单个杆件的动力稳定临界加速度。从表中可知，当考虑杆件的初始弯曲时，网壳结构的部分单个杆件在整个网壳结构失稳之前已经失稳，单个杆件的失稳明显降低了整个网壳结构的刚度，使整个网壳结构的动力稳定性大幅下降。单元 2221 和单元 4692 对应的杆件均为肋杆，因此当将 8 个径向主肋上的杆件加强以后，其稳定承载力明显改善，网壳结构的动力稳定临界加速度显著提高，提高幅度达 45.5%。但是相较于不考虑初始弯曲时，整个网壳结构的动力稳定临界加速度还是降低了 30.4%，结果进一步表明杆件的初始弯曲缺陷对整个网壳结构的动力稳定性影响很大，分析设计网壳结构时不应忽略杆件的初始弯曲缺陷。

表 2.2　不同情况下网壳的动力稳定临界加速度　　　　　　（单位：m/s²）

分析模型	整个网壳结构	单元 2221	单元 917	单元 4692	单元 4572
只考虑初始弯曲	4.4	4.1	4.1	2.7	4.1
加强肋杆	6.4	5.1	3.7	4.7	5.1
不考虑初始弯曲	9.2	—	—	—	—

2.4　下部支承钢柱对网壳结构动力稳定的影响分析

在实际工程中，上部网壳结构通过网壳支座与下部支承体系连接。根据网壳结构跨度大小不同，网壳支座形式不同。当网壳跨度较小时，通常采用平板支座，当网壳结构跨度较大时，通常采用平板橡胶支座。平板支座构造形式中，网壳支座处球节点通过竖向加劲肋和网壳支座连接，网壳支座通常由三块较厚的钢板组成，分别为上部底板、中间过渡板、下部底板。钢柱支承下，网壳结构平板支座下部底板与钢柱圈梁焊接连接，中间过渡板与下部底板通常通过塞焊连接，上部底板和中间过渡板通过螺栓连接，虽然螺栓连接会有较小位移发生，但平板支座整体刚度较强，在计算模型假定中可将上部网壳结构与下部支承结构连接视作刚性连接。在平板橡胶支座中，支座板中间会有一层较厚的橡胶，在外部荷载作用下，会有较大竖向和水平向变形，此时如果将网壳支座再假定为刚性连接，将与实际情况不符。因此，当结构采用平板橡胶支座时，上部网壳结构与下部钢柱应按铰接连接进行分析。本节主要对钢柱支承下单层球面网壳结构在三向地震作用下的动力响应特征进行分析研究。在分析过程中，考虑结构初始几何缺陷、几何非线性和材料非线性的影响因素，同时对于不同钢柱截面刚度、不同矢跨比等参数进行分析，并与不考虑支承柱单层球面网壳结构的结果进行对比，得出相关结论[8-11]。

2.4.1　下部支承钢柱与网壳结构刚接时结构动力稳定分析

1. 有限元计算模型

以 K8 型单层球面网壳结构为研究对象，跨度为 50m，矢高为 10m，矢跨比为 0.2；下部支承结构钢柱高度为 8m。材料为 Q235 钢，假定为理想弹塑性材料，密度为 7850kg/m³，弹性模量为 206GPa，泊松比为 0.26，屈服强度为 235MPa。采用 Rayleigh 阻尼，阻尼比为 0.02。网壳结构计算模型如图 2.41 所示。

根据 GB 50009—2012《建筑结构荷载规范》[4]，恒荷载取 0.5kN/m²，活荷载取 0.5kN/m²，利用钢结构设计软件建立上部网壳结构与下部钢柱支承的整体计算模型进行设计。经过初步设计后，网壳结构杆件选用三种无缝钢管截面，分别为 $\phi108mm \times 4mm$、$\phi83mm \times 4mm$ 和 $\phi70mm \times 4mm$。下部支承钢柱采用 $\phi194mm \times 8mm$ 圆钢管截面；下部支承与上部网壳结构之间用圈梁连接，圈梁选用焊接 H 形截面 H250mm × 250mm × 8mm × 10mm；上部网壳结构与圈梁刚性连接。

采用通用有限元分析软件对网壳进行双非线性动力时程分析。网壳杆件及支承钢柱采用 PIPE20 单元，圈梁采用 BEAM188 单元；将上部荷载转化为分布于网壳结构节点上的集中质量，网壳结构球节点采用 MASS21 单元进行模拟。

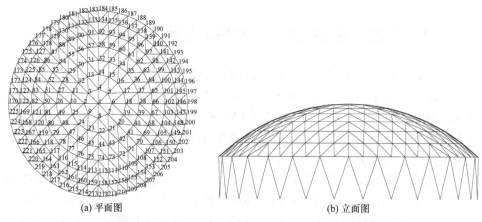

|(a) 平面图|(b) 立面图|

图 2.41　考虑下部钢柱支承结构的网壳结构计算模型

PIPE20 单元是具有拉压、弯曲和扭转特性的空间管单元，且具有塑性性能，可更好地模拟钢管截面。PIPE20 单元沿管壁厚圆周共有 8 个高斯积分点，可通过这 8 个积分点处的应力分布情况呈现杆件截面的塑性发展。如图 2.42 所示，定义 1P 为 1 个积分点进入塑性，当截面出现 8P 时，表示杆件全部进入塑性状态。

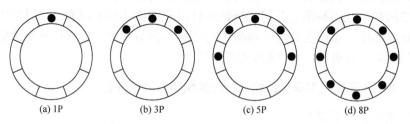

|(a) 1P|(b) 3P|(c) 5P|(d) 8P|

图 2.42　PIPE20 单元截面塑性发展定义

JGJ 7—2010《空间网格结构技术规程》[12]第 4.3.3 条规定，进行网壳结构全过程分析时应考虑初始几何缺陷(即初始曲面形状的安装偏差)的影响，初始几何缺陷分布可采用结构的最低阶屈曲模态，其缺陷最大计算值可按网壳结构跨度的 1/300 取值。本节对网壳结构进行动力稳定分析时考虑初始几何缺陷的影响，取网壳结构在均布荷载作用下第一阶屈曲模态作为初始缺陷分布模式，其最大缺陷位移取跨度的 1/300。分别对不考虑下部支承和考虑下部支承的网壳结构进行模态分析，第一阶自振频率分别为 1.42Hz 和 1.34Hz，其第一阶振型如图 2.43 和图 2.44 所示。

2. 下部钢柱支承结构对网壳结构动力稳定的影响

为了研究下部支承结构对网壳结构动力稳定的影响，分别对考虑下部支承与不考虑下部支承的网壳结构进行动力稳定分析。将三向地震荷载按比例调幅，分析不同加速度峰值时的网壳动力响应，不考虑下部支承结构时的结果如图 2.45 和图 2.46 所示。

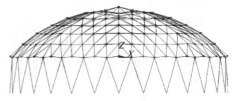

图 2.43　下部支承钢柱与网壳结构刚接时不
考虑下部钢柱支承网壳结构的第一阶振型

图 2.44　下部支承钢柱与网壳结构刚接时考
虑下部钢柱支承网壳结构的第一阶振型

图 2.45 为网壳结构的加速度峰值-位移幅值曲线。由图可知，当加速度峰值从 3.4m/s^2 增加到 11.9m/s^2 时，位移幅值从 50mm 增加到 157mm，位移幅值与加速度峰值基本呈线性变化；当加速度峰值从 11.9m/s^2 增加到 13.2m/s^2 时，位移幅值增至 206mm，位移幅值增加变快，由 Budiansky-Roth 判定准则可知，当不考虑下部支承结构时，网壳结构的动力稳定临界加速度介于 $11.9\sim13.2\text{m/s}^2$，取平均值为 12.6m/s^2。

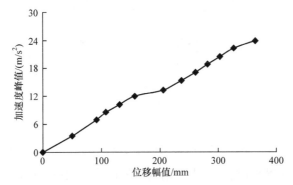

图 2.45　下部支承钢柱与网壳结构刚接时不考虑下部支承结构的
网壳结构加速度峰值-位移幅值曲线

图 2.46 为不同加速度峰值时网壳结构节点 91 的位移时程曲线。由图可知，加速度峰值为 11.9m/s^2 时，节点的振动平衡位置未出现偏移；当加速度峰值增加到 13.2m/s^2 时，节点的振动平衡位置从 2s 左右开始发生偏移，然后在新的位置继续振动。随着加速度峰值继续增加，节点的振动偏移也持续增大。

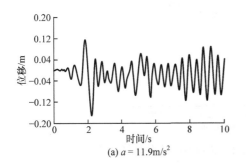

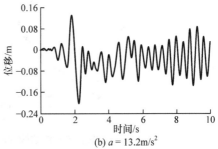

(a) $a = 11.9\text{m/s}^2$　　　　　　　　　　　　(b) $a = 13.2\text{m/s}^2$

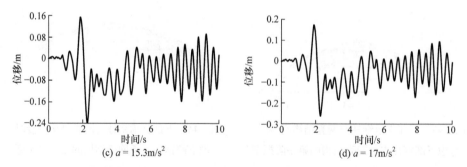

(c) $a = 15.3\text{m/s}^2$　　　　　(d) $a = 17\text{m/s}^2$

图 2.46　不同加速度峰值时不考虑下部支承结构的网壳结构节点 91 的位移时程曲线

图 2.47 为不考虑下部支承结构的网壳结构动力失稳时，网壳结构不同时刻的变形图(放大 20 倍)。由图可知，结构变形主要发生在局部范围。

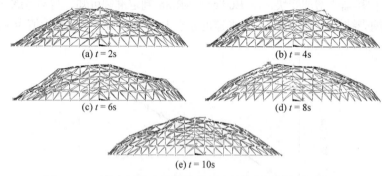

(a) $t = 2\text{s}$　　　　　(b) $t = 4\text{s}$

(c) $t = 6\text{s}$　　　　　(d) $t = 8\text{s}$

(e) $t = 10\text{s}$

图 2.47　不考虑下部支承结构的网壳结构不同时刻的变形图

考虑下部支承结构时，下部支承结构的钢柱均选用 $\phi194\text{mm} \times 8\text{mm}$ 的圆钢管，其分析结果如图 2.48 和图 2.49 所示。

图 2.48 为网壳结构的加速度峰值-位移幅值曲线。由图可知，当加速度峰值从 3.4m/s² 增加到 9.2m/s² 时，位移幅值从 67mm 增加到 129mm，位移幅值与加速度峰值基本呈线性变化；当加速度峰值从 9.2m/s² 增加到 9.5m/s² 时，位移幅值增至 144mm，

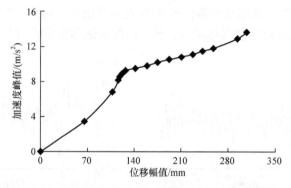

图 2.48　考虑下部支承结构的网壳结构加速度峰值-位移幅值曲线

加速度峰值增加很小，但位移幅值增加得比较快，由 Budiansky-Roth 判定准则可知，当考虑下部支承结构时，网壳结构的动力稳定临界加速度为 9.2m/s²。

图 2.49 为不同加速度峰值时节点 53 的位移时程曲线。由图可知，加速度峰值为 8.9m/s² 时，节点的振动平衡位置未出现偏移，比较稳定；当加速度峰值增加到 9.2m/s² 时，节点的振动平衡位置从 3.5s 左右开始发生偏移，然后在新的位置继续振动。随着加速度峰值继续增加，节点的振动偏移也持续增大，呈发散趋势，网壳表面以此节点为中心会形成不断扩大的凹陷，网壳的整体受力形状遭到破坏，不能再承担地震作用而发生动力失稳。

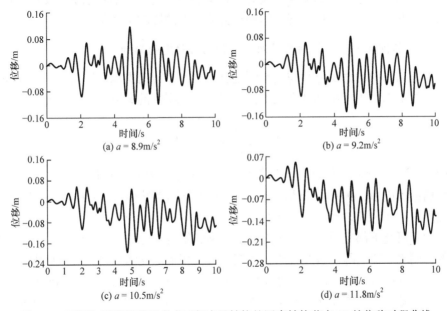

图 2.49　不同加速度峰值时考虑下部支承结构的网壳结构节点 53 的位移时程曲线

图 2.50 为考虑下部支承结构的网壳结构动力失稳，即加速度峰值为 9.2m/s² 时，网壳结构不同时刻的变形图(放大 20 倍)。由图可知，结构变形主要发生在局部范围，不同瞬时最大变形区域不同。

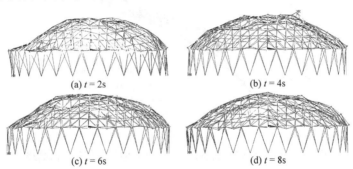

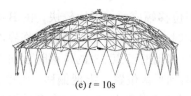

(e) $t = 10s$

图 2.50   考虑下部支承结构的网壳结构不同时刻的变形图

由以上分析结果可知，不考虑下部支承结构时，网壳结构的动力稳定临界加速度为 12.6m/s^2，考虑下部支承结构时，网壳结构的动力稳定临界加速度为 9.2m/s^2，降低了 27.0%。考虑下部支承结构时，结构的整体刚度比不考虑下部支承结构时降低，因此下部支承结构对网壳结构动力稳定性的影响不能忽略。

3. 下部钢柱支承结构刚度对网壳结构动力稳定的影响

网壳结构的动力稳定性与支承刚度有关，本节讨论支承刚度对网壳结构动力稳定性的影响。用支承刚度系数 S 作为评价支承刚度的参数，其表达式为

$$S = \left(\frac{10}{H_1 \times H_2}\right)^2 \sum_{i=1}^{n} I_i \tag{2.22}$$

式中，S 为支承刚度系数；I_i 为等效刚度，其表达式为 $I_i = A \times (D/2)^2$，A 为支承钢柱横截面面积，D 为网壳结构跨度；H_1 为上部网壳结构矢高；H_2 为下部支承结构高度；n 为下部支承结构支承柱数。

为了研究下部支承结构的刚度对上部网壳结构动力稳定性的影响，计算分析时保持网壳结构的跨度以及矢跨比不变，只改变下部支承结构钢柱截面大小，选用三种不同的圆钢管截面，分别为 $\phi 245\text{mm} \times 10\text{mm}$、$\phi 194\text{mm} \times 8\text{mm}$ 和 $\phi 152\text{mm} \times 6\text{mm}$，对这三种网壳结构进行动力稳定分析，其结果如图 2.51 和表 2.3 所示。

图 2.51 为不同支承刚度网壳结构的加速度峰值-位移幅值曲线。由图可知，加速度峰值增至 6m/s^2 之前，下部支承结构的刚度对位移幅值的影响很小，当加

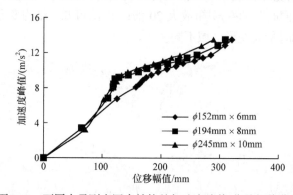

图 2.51   不同支承刚度网壳结构的加速度峰值-位移幅值曲线

速度峰值增至 6m/s² 之后，随着下部支承结构的刚度降低，位移幅值增加较快。

表 2.3 为不同下部支承结构刚度时网壳结构的动力稳定临界加速度，以及与不考虑下部支承结构时网壳结构动力稳定临界加速度相比的降低比例。由表可知，随着下部支承结构刚度的降低，网壳结构的动力稳定临界加速度减小，但位移幅值的减小并没有呈现线性关系。

表 2.3　不同下部支承结构刚度时网壳结构的动力稳定临界加速度

指标	不同支承刚度(钢柱截面)			
	ϕ245mm × 10mm	ϕ194mm × 8mm	ϕ152mm × 6mm	不考虑支承
动力稳定临界加速度 /(m/s²)	10.2	9.2	8.1	12.6
降低比例/%	19.0	27.0	35.7	—
位移幅值/mm	158	129	157	182

图 2.52 为网壳结构的动力稳定临界加速度与支承刚度系数的关系。由图 2.52 和表 2.3 可知，当支承刚度系数小于 2.0 时，网壳结构的动力稳定临界加速度相较于未考虑下部支承的网壳结构下降了 19% 以上，且随着支承刚度系数的下降，网壳结构的动力稳定临界加速度下降的幅度快速增大。

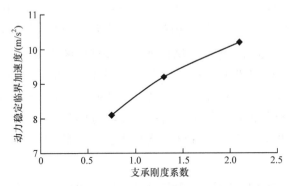

图 2.52　网壳结构的动力稳定临界加速度与支承刚度系数的关系

由以上分析结果可知，支承刚度对网壳结构动力稳定性的影响较大，对于比较重要的网壳结构或者地震多发地区的网壳结构，分析其动力稳定性时，应该将上部的网壳结构与下部支承结构作为整体分析，不能忽略下部支承结构，当支承刚度系数小于 2.0 时，尤其要注意下部支承结构对网壳动力稳定性的影响。

4. 网壳结构塑性发展全过程分析

在强烈地震作用下，网壳结构的杆件可能会进入塑性状态，网壳的结构设计应允许结构在罕遇地震作用下部分杆件屈服，但结构不能发生倒塌。因此，需全面了解网壳结构塑性发展全过程。

图 2.53 为考虑下部支承结构的网壳结构(支承钢柱截面为 ϕ194mm × 8mm)在不同加速度峰值作用下杆件的塑性发展过程，图中进入塑性的杆件用粗实线标明。由图可知，进入塑性的大多为四到六环的环杆和斜杆。

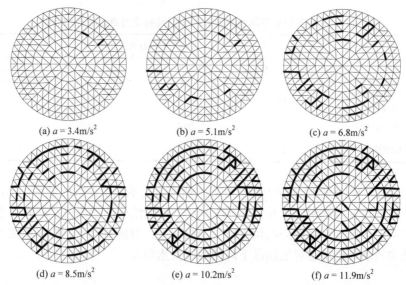

(a) a = 3.4m/s²   (b) a = 5.1m/s²   (c) a = 6.8m/s²

(d) a = 8.5m/s²   (e) a = 10.2m/s²   (f) a = 11.9m/s²

图 2.53 考虑下部支承结构的网壳结构在不同加速度峰值作用下杆件的塑性发展过程

表 2.4 为不同支承刚度网壳结构进入塑性杆件的比例。当加速度峰值较小时，整个网壳结构动力失稳之前，进入塑性杆件的比例均很小。随着加速度峰值的增大，进入塑性杆件的比例也增高，当加速度峰值增至动力稳定的临界荷载时，进入塑性杆件的数量较多，当加速度峰值再继续增大时，进入塑性杆件的比例增加速度提高，大量杆件进入塑性状态，可能导致整个网壳结构由于杆件屈服而破坏。

表 2.4 不同支承刚度网壳结构进入塑性杆件的比例

加速度峰值 /(m/s²)	不同下部支承柱截面类别进入塑性杆件的比例/%			
	ϕ245mm × 10mm	ϕ194mm × 8mm	ϕ152mm × 6mm	不考虑支承
3.4	0	0.32	1.5	0
5.1	0.16	1.46	5.03	0
6.8	3.57	6.81	11.53	0.81
8.5	11.20	13.80	17.53	2.76
10.2	17.86	18.34	21.27	8.4
11.9	21.43	23.38	24.68	14.94

图 2.54 为不同下部支承结构下，加速度峰值与进入塑性杆件比例的变化关系。由图可知，当加速度峰值较小时，大部分杆件处于弹性阶段，进入塑性杆件的比例很小。例如，当加速度峰值增为 $3.4\mathrm{m/s^2}$ 时，支承结构为 $\phi152\mathrm{mm}\times6\mathrm{mm}$ 钢柱的网壳结构，进入塑性杆件的比例最高，但也只有 1.5%，而其他结构都没有杆件进入塑性。当加速度峰值增至 $5.1\mathrm{m/s^2}$ 时，进入塑性的杆件比例最高也只有 5.03%，而不考虑下部支承结构的网壳结构仍然没有杆件进入塑性。随着加速度峰值的增大，进入塑性的杆件比例也增高。当加速度峰值增至动力稳定的临界荷载时，进入塑性杆件的比例在 14%～16.5%，进入塑性的杆件数量较多。此时，随着杆件大量进入塑性状态，塑性区域的逐步扩大使结构的整体刚度迅速降低，导致网壳发生整体强度破坏。

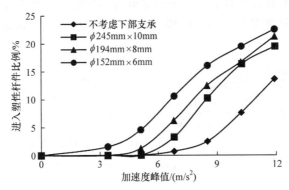

图 2.54　不同下部钢柱支承结构的网壳结构加速度峰值与进入塑性杆件比例的变化关系

对考虑下部支承结构和不考虑下部支承结构的网壳结构进行动力稳定分析，考虑下部支承结构为钢柱时，上部网壳结构与圈梁之间为刚接。经过计算分析得到以下结论。

(1) 考虑下部支承结构时，结构的整体刚度比不考虑下部支承结构时降低，网壳的动力稳定临界加速度也随之降低。因此，在对网壳结构进行地震分析或动力稳定分析时，应该考虑下部支承结构，将上部的网壳结构与下部支承结构作为整体进行分析。

(2) 下部支承结构的刚度对网壳结构动力稳定性的影响很大，随着下部支承结构刚度的降低，网壳结构的动力稳定临界加速度将减小，而且网壳结构的动力稳定临界加速度减小的速度比下部支承结构刚度减小的速度要快。因此，在设计网壳结构时下部支承结构的刚度不能过小。对网壳结构进行动力分析时，当支承刚度系数小于 2.0 时，尤其要注意下部支承结构对网壳结构动力稳定性的影响。

(3) 当加速度峰值较小时，网壳结构进入塑性杆件的比例很小。当加速度峰值增至动力稳定临界加速度时，进入塑性杆件的数量较多。此时，随着杆件大量进入塑性状态，塑性区域的逐步扩大使结构的整体刚度迅速降低，导致网壳结构发生整体强度破坏。

2.4.2　下部支承钢柱与网壳结构铰接时结构动力稳定分析

1. 有限元计算模型

本节有限元计算模型与 2.4.1 节相同，2.4.1 节分析中上部网壳结构与圈梁为刚接，本节分析时上部网壳结构与圈梁为铰接，上部网壳结构与下部支承结构圈梁之间采用 MPC184 单元模拟铰接。下部支承结构的钢柱与基础为铰接，不考虑支承时网壳结构与基础之间也为铰接。

与 2.4.1 节相同，对网壳结构进行动力稳定分析时考虑初始几何缺陷的影响，取网壳结构在均布静载作用下的屈曲模态作为缺陷分布模式，其最大缺陷位移取跨度的 1/300。本节分别对不考虑下部支承结构的网壳结构和考虑下部支承结构的网壳结构进行模态分析，其自振频率分别为 1.95Hz 和 1.90Hz，其第一阶振型如图 2.55 和图 2.56 所示。

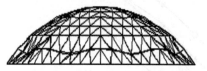

图 2.55　下部支承钢柱与网壳结构铰接时不　　图 2.56　下部支承钢柱与网壳结构铰接时考虑
考虑下部支承结构的网壳结构的第一阶振型　　下部钢柱支承结构的网壳结构的第一阶振型

2. 下部钢柱支承结构对网壳结构动力稳定的影响

为了研究下部支承结构对网壳结构动力稳定性的影响，本节分别对考虑下部支承结构与不考虑下部支承结构的网壳结构进行动力稳定分析。分析结果表明，虽然加速度峰值为水平方向，但是网壳结构最大位移为节点 76 的竖向位移。图 2.57 为不考虑下部支承结构时网壳结构的加速度峰值-位移幅值曲线，图 2.58 为不考虑下部支承结构时网壳结构动力失稳以后节点 76 的竖向位移时程曲线。

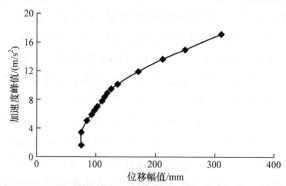

图 2.57　下部支承钢柱与网壳结构铰接时不考虑下部支承结构的
网壳结构加速度峰值-位移幅值曲线

由图 2.57 可知，当加速度峰值增加到 9.6m/s² 时，网壳结构的最大竖向位移较之前变快。当加速度峰值超过 9.6m/s² 后，地震加速度略有增加会导致节点的位移偏离其初始振动平衡位置，随着时间的增加而呈发散趋势。由 Budiansky-Roth 判定准则可知，当不考虑下部支承结构时，网壳结构的动力稳定临界加速度为 9.6m/s²，相应的位移幅值为 12.7cm。

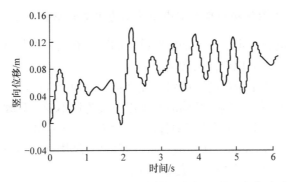

图 2.58　不考虑下部支承结构时网壳结构节点 76 的竖向位移时程曲线

考虑下部支承结构时，下部支承结构的钢柱均选用 ϕ194mm × 8mm 圆钢管，其分析结果如图 2.59 和图 2.60 所示，图 2.59 为网壳结构的加速度峰值-位移幅值曲线，图 2.60 为网壳结构动力失稳后节点 76 的竖向位移时程曲线。从图中可知，考虑下部支承结构时与不考虑下部支承结构时网壳结构的动力响应具有相似的特点，但是考虑下部支承结构时网壳结构的动力稳定临界加速度为 8.2m/s²，相应的位移幅值为 14.3cm。

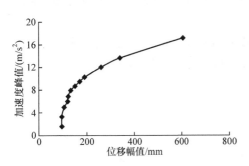

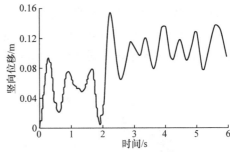

图 2.59　网壳结构的加速度峰值-位移幅值曲线　　图 2.60　网壳结构动力失稳后节点 76 的
竖向位移时程曲线

由以上分析结果可知，不考虑下部支承结构时，网壳结构的动力稳定临界加速度为 9.6m/s²；考虑下部支承结构时，网壳结构的动力稳定临界加速度为 8.2m/s²，降低了 14.6%。因此，地震时下部支承结构放大了网壳结构的振动效应，从而降低了整个结构的抗震性能。

模态分析表明，对于前 50 个振型，考虑下部支承结构时网壳结构 X、Y、Z 三个方向的有效质量总和比不考虑支承结构时网壳结构相应方向的有效质量总和分别增加了 70.2%、70.2% 和 20.9%。这就意味着下部支承结构放大了地震的影响，尤其放大了水平地震的影响，从而使网壳结构的整体刚度比不考虑支承结构时降低。

3. 下部钢柱支承结构刚度对网壳结构动力稳定的影响

网壳结构的动力稳定性与下部支承结构的刚度有关，本节讨论下部支承结构的刚度对网壳结构动力稳定性的影响。

为了研究下部支承结构的刚度对网壳结构动力稳定性的影响，计算分析时保持支承结构的高度不变，网壳结构的跨度以及矢跨比不变，只改变下部支承结构钢柱截面大小，选用四种不同的圆钢管，分别为 $\phi245\mathrm{mm} \times 10\mathrm{mm}$、$\phi194\mathrm{mm} \times 8\mathrm{mm}$、$\phi152\mathrm{mm} \times 6\mathrm{mm}$ 和 $\phi108\mathrm{mm} \times 6\mathrm{mm}$，对这四种网壳结构进行动力稳定分析，其计算分析结果如图 2.61、图 2.62 和表 2.5 所示。

图 2.61 为不同支承刚度网壳结构加速度峰值-位移幅值曲线，图 2.62 为网壳结构的动力稳定临界加速度与支承刚度系数的关系，表 2.5 为不同的支承刚度时网壳结构的动力稳定临界加速度，以及相较不考虑下部支承结构时网壳结构的动力稳定临界加速度的降低比例。

分析计算结果表明，随着支承刚度系数的减小，网壳结构的动力稳定性也降低。从图 2.61 可以看出，当加速度峰值达到 $6\mathrm{m/s}^2$ 之前，支承刚度对网壳结构的竖向位移影响很小，当加速度峰值超过 $6\mathrm{m/s}^2$ 以后，随着支承刚度的降低，网壳结构的竖向位移增加很快。考虑下部支承结构的网壳结构比不考虑下部支承结构的网壳结构更容易失去动力稳定性。

由图 2.62 和表 2.5 可知，当支承刚度系数小于 2.0 时，网壳结构的动力稳定临界加速度相较于未考虑下部支承的网壳结构下降了 7.3% 以上。

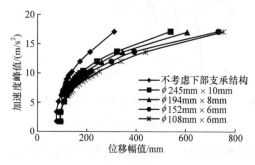

图 2.61　不同支承刚度网壳结构的加速度峰值-位移幅值曲线

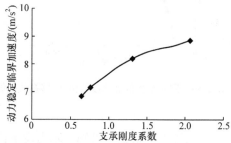

图 2.62　网壳结构动力稳定临界加速度与支承刚度系数的关系

表 2.5　不同下部钢柱支承刚度网壳结构动力稳定临界加速度

指标	不同支承刚度(钢柱截面)				
	$\phi245\text{mm} \times 10\text{mm}$	$\phi194\text{mm} \times 8\text{mm}$	$\phi152\text{mm} \times 6\text{mm}$	$\phi108\text{mm} \times 6\text{mm}$	不考虑下部支承
动力稳定临界加速度/(m/s²)	8.9	8.2	7.2	6.8	9.6
降低比例/%	7.3	14.6	25	29	—
位移幅值/cm	15.2	14.3	13.34	13.5	12.7

结果表明，在强震作用下，下部支承结构的刚度对网壳结构的动力稳定性有很大的影响。对于比较重要的网壳结构或者地震多发地区的网壳结构，应该将上部网壳结构与下部支承结构作为整体来分析结构的动力稳定性。在对网壳结构进行设计以及分析的过程中，当支承刚度系数小于 2.0 时，尤其要注意下部支承结构的影响，应将下部支承结构与上部网壳结构作为整体进行分析计算。

4. 矢跨比对网壳结构动力稳定性的影响

以上分析中，上部网壳结构的跨度为 50m，矢高为 10m，矢跨比为 1/5。接着对矢跨比为 1/3 以及 1/7 两种网壳进行动力稳定分析，研究网壳结构的矢跨比对网壳结构动力稳定性的影响，以及网壳结构矢跨比不同时下部支承对网壳结构动力稳定性的影响。在分析计算时，整个网壳结构的其他参数均不变，只改变上部网壳结构的矢跨比，下部支承结构的钢柱均采用 $\phi194\text{mm} \times 8\text{mm}$ 的圆钢管。对这两种网壳结构进行动力稳定分析时也考虑了初始几何缺陷的影响，取网壳结构在均布静载作用下屈曲模态作为缺陷分布模式，其最大缺陷位移取跨度的 1/300。

图 2.63 为矢跨比为 1/3 的网壳结构加速度峰值与位移幅值的关系，图 2.64 为矢跨比为 1/7 的网壳结构加速度峰值与位移幅值的关系，图 2.65 为网壳结构动力稳定临界加速度与矢跨比的变化关系。

对于矢跨比为 1/3 的网壳结构，由图 2.63 和图 2.65 可知，当考虑下部支承结构时，网壳结构的动力稳定临界加速度为 8.54m/s²；而不考虑下部支承时，其值为 10.24m/s²。考虑下部支承结构时网壳结构的动力稳定临界加速度下降了 16.6%。值得注意的是，当网壳结构动力失稳时，网壳结构相应的位移幅值比矢跨比为 1/5 和 1/7 的网壳结构都要小。

对于矢跨比为 1/7 的网壳，由图 2.64 和图 2.65 可知，无论是否考虑下部支承结构，整个网壳结构的动力稳定临界加速度均很小，这是由于随着矢跨比的减小，网壳结构的竖向刚度会变小，整个网壳结构的动力稳定临界加速度也降低。与矢跨比大的网壳结构相比，矢跨比小的扁网壳结构，其下部支承结构对整个网壳结构的动力稳定性影响较小。

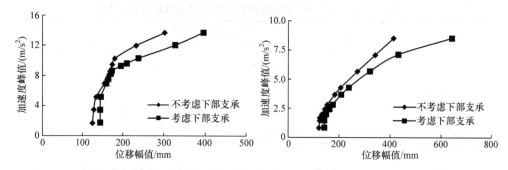

图 2.63　矢跨比为 1/3 的网壳结构加速度峰值　　图 2.64　矢跨比为 1/7 的网壳结构加速度峰值
　　　　　　与位移幅值的关系　　　　　　　　　　　　　与位移幅值的关系

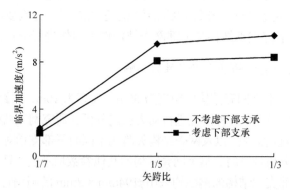

图 2.65　网壳结构动力稳定临界加速度与矢跨比的关系

由图 2.65 可知，当网壳结构的矢跨比小于 1/5 时，随着矢跨比的增大，网壳结构的动力稳定临界加速度增大较快；同时，下部支承结构对网壳结构动力稳定性的影响也变得越来越大。然而，当网壳结构的矢跨比大于 1/5 时，随着矢跨比的增大，网壳结构的动力稳定临界加速度也增大，但增大的速度明显变慢；同时，下部支承结构对网壳结构动力稳定性的影响随矢跨比的变化也变小。

对考虑和不考虑下部支承结构的网壳结构进行动力稳定分析。考虑下部支承结构时，上部网壳与圈梁之间为铰接；不考虑下部支承结构时，网壳结构与基础之间也为铰接。经过分析得到以下结论。

(1) 考虑下部支承结构，将上部的网壳结构与下部支承结构作为整体分析时，网壳结构的动力稳定临界加速度比不考虑下部支承结构时有所降低。下部支承结构放大了地震的影响，尤其放大了水平地震的影响，降低了整个网壳结构的刚度。因此，在对网壳进行地震分析或动力稳定分析时，应该考虑下部支承结构，将上部网壳结构与下部支承结构作为整体分析才能更为准确地反映结构的地震响应和稳定性能。

(2) 下部支承结构的水平刚度对网壳结构动力稳定性的影响很大，随着下部支承结构刚度的降低，网壳结构的动力稳定临界荷载将减小。且同等支承情况下，网壳结构与圈梁刚接时，动力稳定临界加速度下降的幅度要比网壳与圈梁铰接时大。引入刚度系数来衡量下部支承的刚度，数值分析结果表明，当支承刚度系数小于 2.0 时，网壳的动力稳定临界加速度相较于没有考虑下部支承的网壳结构均下降了 10%以上，且随着支承刚度系数的减小，下降的幅度快速增大。在对网壳结构进行设计以及分析的过程中，当支承刚度系数小于 2.0 时，尤其要注意下部支承结构的影响，应将下部支承结构与上部网壳结构作为整体进行分析计算。

(3) 对于矢跨比小于 1/5 的扁网壳结构，随着矢跨比的增大，下部支承结构对网壳结构动力稳定性的影响将增大；而对于矢跨比大于 1/5 的网壳结构，随着矢跨比的增大，下部支承结构对网壳结构动力稳定性的影响将变小。

5. 不同的连接方式对网壳结构动力稳定性的影响

分别对上部结构与下部支承结构铰接、刚接两种连接方式的网壳结构进行动力稳定分析，计算结果见表 2.6。结果表明，下部支承结构与上部网壳结构铰接时网壳结构的动力稳定临界加速度比刚接时降低，铰接时整个网壳结构的整体刚度比刚接时要低。

表 2.6　不同连接方式网壳结构稳定临界加速度　　　　　(单位：m/s^2)

支承类型	钢柱截面			
	ϕ245mm × 10mm	ϕ194mm × 8mm	ϕ152mm × 6mm	不考虑支承
刚接	10.2	9.2	8.1	12.6
铰接	8.9	8.2	7.2	9.6

2.5　下部支承混凝土柱对网壳结构动力稳定的影响分析

在实际工程中网壳结构下部支承结构体系通常为钢柱和混凝土柱两种形式。钢柱支承时，整体结构全部为钢材，材料采购、加工、施工方便快捷。网壳结构下部为混凝土柱支承时，上部网壳与下部混凝土柱之间通过混凝土圈梁连接，网壳结构支座坐落于混凝土圈梁上。混凝土柱和圈梁形成混凝土框架结构，相比于钢柱支承结构，混凝土结构工程造价较低，应用较为广泛。对混凝土柱支承单层球面网壳结构进行动力响应分析，并比较不同混凝土截面、不同网壳结构矢跨比时网壳结构的整体动力稳定性能。

2.5.1　混凝土支承对网壳结构动力稳定的影响

上部的网壳结构与 2.4 节相同，网壳结构跨度为 50m，矢跨比为 1/5，网壳结构的杆件选用三种圆钢管，分别是 ϕ108mm × 4mm、ϕ83mm × 4mm 和 ϕ70mm ×

4mm。下部支承结构由混凝土柱和圈梁组成，上部网壳结构与圈梁刚接，形成的网壳结构与支承结构整体分析模型，矩形截面混凝土圈梁尺寸为 500mm × 300mm，混凝土柱为圆形截面，柱高为 8m。为了分析下部支承的刚度对网壳结构动力稳定性的影响，混凝土柱选用四种截面分别进行动力稳定分析。

为了分析混凝土支承结构对网壳结构动力稳定性的影响，对支承柱截面直径为 500mm 的网壳结构进行动力稳定分析，并与 2.4 节不考虑支承结构的结果进行比较。结果表明，混凝土支承结构的网壳结构最大位移为节点 47 的水平位移，分析结果如图 2.66 和图 2.67 所示。

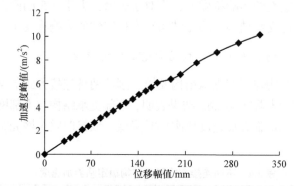

图 2.66　混凝土支承网壳结构的加速度峰值-位移幅值曲线

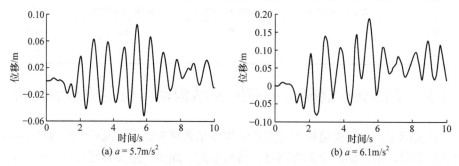

(a) $a = 5.7\text{m/s}^2$　　　　　　　　　　(b) $a = 6.1\text{m/s}^2$

图 2.67　不同加速度峰值时混凝土支承网壳结构节点 47 的位移时程曲线

图 2.66 为网壳结构的加速度峰值-位移幅值曲线。由图可知，加速度峰值达到 6.1m/s² 之前，位移幅值与加速度峰值基本呈线性变化，当加速度峰值从 6.1m/s² 增大到 6.4m/s² 时，位移幅值从 168mm 增加到 188mm，加速度峰值增大很小，但位移幅值增大变快。由 Budiansky-Roth 判定准则可知，网壳结构的动力稳定临界加速度为 6.1m/s²。

图 2.67 为不同加速度峰值时节点 47 的位移时程曲线。由图可知，加速度峰值为 5.7m/s² 时，节点的振动平衡位置未出现偏移。当加速度峰值增大到 6.1m/s²

时，节点的振动平衡位置发生偏移，随着时间的增加呈发散趋势，此时网壳结构动力失稳。

图 2.68 为加速度峰值为 $6.1\mathrm{m/s^2}$ 时，网壳结构整体动力失稳的变形图(放大 20 倍)。由图可知，结构变形主要发生在局部范围内。由 $t=2\mathrm{s}$ 时变形图可知，在三、四环之间网壳结构局部有明显的凹陷，局部变形很大。

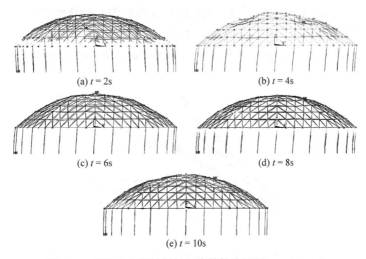

(a) $t = 2\mathrm{s}$　　　　　　　　　　(b) $t = 4\mathrm{s}$

(c) $t = 6\mathrm{s}$　　　　　　　　　　(d) $t = 8\mathrm{s}$

(e) $t = 10\mathrm{s}$

图 2.68　混凝土支承结构的网壳结构变形图($a = 6.1\mathrm{m/s^2}$)

由以上分析结果以及 2.4 节的结果可知，不考虑下部支承结构时，网壳结构的动力稳定临界加速度为 $12.6\mathrm{m/s^2}$；考虑下部支承结构时，网壳的动力稳定临界加速度为 $6.1\mathrm{m/s^2}$，降低了 51.6%，稳定承载力显著下降。下部支承结构为混凝土结构时，在网壳结构达到动力稳定临界加速度时，混凝土柱的应力较大，部分柱子的最大应力已达到混凝土的设计抗压强度，造成支承刚度的降低，大幅度降低网壳结构的动力稳定临界加速度。

2.5.2　下部支承刚度对网壳结构动力稳定的影响

为讨论下部支承的水平刚度对网壳结构动力稳定的影响，本节仍采用前述引入的支承刚度系数 S 作为衡量下部支承结构水平刚度的参数，但考虑到混凝土与钢材力学性能的区别，对式(2.22)进行下列修正：

$$S = \frac{E_{ct}}{E_g}\left(\frac{10}{H_1 \times H_2}\right)^2 \sum_{i=1}^{n} I_i \tag{2.23}$$

式中，E_{ct} 为网壳结构达到动力稳定临界加速度时，下部支承混凝土柱的切线模量；E_g 为钢材的弹性模量。其余符号含义同前。

为了研究下部支承结构刚度对网壳结构动力稳定性的影响，计算分析时保持上部网壳结构不变，只改变下部支承结构的混凝土柱截面大小，选用四种不同的圆柱截面，直径分别为 400mm、500mm、600mm 和 700mm，对这四种网壳结构进行动力稳定分析。分析结果表明，下部支承柱直径为 400mm、500mm、600mm 的网壳结构最大位移为节点 47 的水平位移，而下部支承柱直径为 700mm 的网壳结构最大位移为节点 110 的竖向位移。

图 2.69 为不同支承情况下网壳结构的加速度峰值与位移幅值的关系。由图可知，加速度峰值较小时，下部支承结构的刚度对位移幅值的影响很小，当加速度峰值增至 2m/s² 后，随着下部支承结构的刚度降低，位移幅值增加较快。

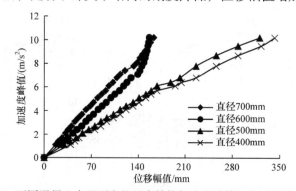

图 2.69　不同混凝土支承刚度的网壳结构加速度峰值与位移幅值的关系

表 2.7 为不同下部支承结构的网壳结构动力稳定临界加速度，以及相较不考虑下部支承结构网壳的动力稳定荷载的降低比例，图 2.70 为网壳结构的动力稳定临界加速度与下部混凝土支承刚度系数的关系。结果表明，随着下部支承结构刚度系数的降低，网壳结构的动力稳定临界加速度也降低。不同支承刚度系数的网壳结构动力稳定临界加速度相较于未考虑下部支承结构的网壳结构均下降很多，都下降了 38% 以上。由于混凝土为弹塑性材料，且其抗压强度远低于钢材，提取混凝土柱应力可明显看出，柱截面越小，在网壳结构达到动力稳定临界加速度时，应力越大，截面上达到混凝土抗压设计强度的面积越大，造成同等支承刚度系数下混凝土柱对动力稳定临界加速度的影响远大于钢柱的影响。

表 2.7　下部混凝土支承结构刚度的影响

指标	不同支承刚度(柱截面直径)				
	400mm	500mm	600mm	700mm	不考虑支承
支承刚度系数	1.06	1.66	2.40	3.26	—
动力稳定临界加速度 /(m/s²)	5.7	6.1	7.1	7.8	12.6
降低比例/%	54.8	51.6	43.7	38.1	—
位移幅值/mm	195	168	139	133	127

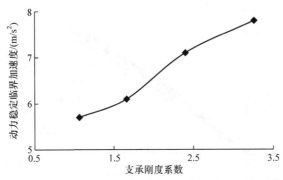

图 2.70　网壳结构动力稳定临界加速度与混凝土支承刚度系数的关系

由以上分析结果可知，在强震作用下，混凝土支承的网壳结构动力稳定临界加速度相比于未考虑下部支承结构的网壳结构下降很多，而且下部支承结构的刚度对网壳结构的动力稳定性有很大的影响。对于比较重要的网壳结构或者地震多发地区的网壳结构，应该将上部网壳结构与下部支承结构作为整体分析其动力稳定性，尤其下部为混凝土支承结构时，更不能忽略下部支承结构对网壳结构动力稳定性的影响。

2.5.3　矢跨比对网壳结构动力稳定的影响

以上分析中，上部网壳结构的跨度为 50m，矢高为 10m，矢跨比为 1/5。接着对矢跨比为 1/3、1/4、1/6 和 1/7 的四种网壳结构进行动力稳定分析，研究网壳结构的矢跨比对网壳结构动力稳定性的影响。在分析计算时，整个网壳结构的其他参数均不变，只改变上部网壳结构的矢跨比，下部混凝土支承结构的支承柱均采用直径为 500mm 的圆截面。对这四种网壳结构进行动力稳定分析时仍考虑初始几何缺陷的影响，取网壳结构在均布静载作用下屈曲模态作为缺陷分布模式，其最大缺陷位移取跨度的 1/300。不同矢跨比的网壳结构自振频率见表 2.8。

表 2.8　不同矢跨比的网壳结构自振频率

自振频率	网壳矢跨比				
	1/7	1/6	1/5	1/4	1/3
第一阶/Hz	1.3746	1.5289	1.2649	1.9284	2.3039
第二阶/Hz	1.9992	2.3078	1.7798	3.1068	3.8578

图 2.71 为不同矢跨比网壳结构的加速度峰值与位移幅值的关系，图 2.72 为网壳结构动力稳定临界加速度与矢跨比的关系，表 2.9 为不同矢跨比网壳结构的动力稳定临界加速度。由图可知，对于混凝土支承的网壳结构，矢跨比的变化对网壳结构的位移影响很小，当加速度峰值增至 3.5m/s² 之前时，网壳结构的位移幅值相差很小，最大差值仅为 5mm，随着加速度峰值的增加，位移幅值相差有所增加，但是增幅很小，当加速度峰值增至 5.1m/s² 时，位移幅值相差最大为 21mm。

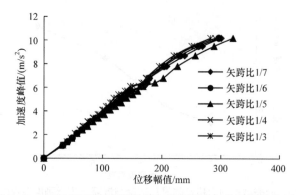

图 2.71　不同矢跨比网壳结构的加速度峰值与位移幅值的关系

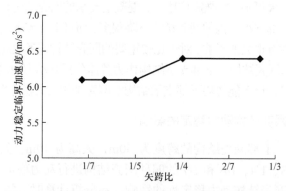

图 2.72　网壳结构动力稳定临界加速度与矢跨比的关系

表 2.9　不同矢跨比网壳结构的动力稳定临界加速度

矢跨比	1/7	1/6	1/5	1/4	1/3	不考虑支承
动力稳定临界加速度/(m/s²)	6.1	6.1	6.1	6.4	6.4	12.6
降低比例/%	51.6	51.6	51.6	49.2	49.2	—
位移幅值/mm	170	165	168	169	166	127

　　由以上分析结果可知，下部支承结构为混凝土柱的网壳结构，由于混凝土的设计强度远低于钢材的设计强度，且混凝土为弹塑性材料，在强震作用下混凝土柱的应力很大，部分混凝土柱的最大应力已达到混凝土的抗压设计强度，使得混凝土的切线模量大幅度降低，从而导致支承柱刚度降低，最后使上部网壳结构的动力稳定临界加速度很低。相对于混凝土支承柱，上部网壳矢跨比的变化对结构水平刚度的影响相对较小，使得网壳结构矢跨比的变化对整个结构的位移以及动力稳定临界加速度的影响不明显。特别是当网壳矢跨比大于 1/5 时，矢跨比的变化对网壳结构动力稳定临界加速度基本无影响。

2.6　本章小结

在地震作用下网壳结构的动力响应方面，讨论了网壳结构与下部支承结构的几何非线性和材料非线性问题，在材料非线性求解过程中给出了阻尼的计算方法，总结了 Newmark-β 法计算过程。同时讨论了网壳结构动力稳定分析技术路线，研究了网壳结构的动力稳定判定实用准则，提出了利用 Budiansky-Roth 判定准则和 Hsu C S 判定准则相结合的方式判断网壳结构的动力稳定临界点。当网壳结构的加速度峰值与位移幅值关系曲线存在明显临界点时，可利用 Budiansky-Roth 判定准则判断动力稳定临界点；当上述关系曲线未出现明显临界点时，可通过观察节点动力位移时程曲线，利用 Hsu C S 判定准则判断网壳动力稳定临界点。单层球面网壳结构弹性动力稳定分析主要结论如下。

(1) 对 K8 型单层球面网壳结构的大量非线性动力稳定分析说明，通过绘制网壳结构的失稳点加速度-位移全过程曲线，应用 Budiansky-Roth 判定准则，并结合网壳结构节点位移时程曲线，是判定网壳结构动力稳定临界加速度的有效方法之一。

(2) 在结构的非线性分析过程中，矢跨比是影响动力分析的重要因素，对于周边铰支 K8 型单层球面网壳结构，矢跨比对结构动力响应及动力稳定性的影响很大。当矢跨比过大时，会降低结构的动力稳定临界加速度，且动力失稳点不明显，设计时应避免。而对于周边铰支的 K8 型单层球面网壳结构，随着矢跨比的增大，结构的动力稳定临界加速度将有所降低。当网壳结构矢跨比为 0.3 时，网壳结构刚度比其他矢跨比明显要小，所以倒塌时的变形也最大。计算结果表明，K8 型单层球面网壳结构的矢跨比为 0.2 时结构的刚度较大，所以这一矢跨比为结构的较优矢跨比。

(3) 经过分析研究提出了网壳结构杆件动力失稳的判定准则。当考虑杆件的初始弯曲时，网壳的单个杆件或部分杆件可能在网壳结构整体动力失稳之前出现杆件失稳，网壳结构杆件的失稳降低了整个网壳结构的刚度，使得整个网壳结构的稳定承载力显著降低，进而降低结构的抗震性能。对于整体失稳前可能存在杆件失稳的网壳结构，分析其动力稳定时考虑杆件初始弯曲是必要的。

(4) 加强杆件截面可以提高整个网壳结构的动力稳定性，特别是加强径向主肋上的杆件截面，其影响更为显著。

(5) 下部支承结构与上部网壳结构铰接时网壳结构的整体刚度要比刚接时低，网壳结构的动力稳定临界加速度比刚接时有所降低。但与相应的无框架支承的网壳结构相比，有框架支承的网壳结构在同等支承刚度情况下，网壳结构与圈梁刚接时，动力稳定临界加速度下降的幅度要比网壳结构与圈梁铰接时大，这说明网壳结构的临界加速度越大，下部支承结构对网壳结构临界加速度的影响也越大。

(6) 无论下部支承结构与上部网壳结构是铰接还是刚接，考虑下部支承结构，将上部的网壳结构与下部支承结构作为整体分析时，网壳结构的动力稳定临界加速度比不考虑下部支承结构时有所降低。下部支承结构放大了地震的影响，尤其放大了水平地震的影响，降低了整个网壳结构的刚度。因此，在对网壳结构进行地震分析或动力稳定分析时，应该考虑下部支承结构，将上部的网壳结构与下部支承结构作为整体分析才能准确真实地反映结构的抗震性能。

(7) 下部支承结构的水平刚度对网壳结构动力稳定性的影响很大，随着下部支承结构刚度的降低，网壳结构的动力稳定临界加速度将减小。引入支承刚度系数来衡量下部支承结构的水平刚度，数值分析结果表明，当支承刚度系数小于 2.0 时，网壳结构的动力稳定临界加速度相较于未考虑下部支承结构的网壳结构下降了 10% 以上。在对网壳结构进行设计以及分析的过程中，当下部钢柱的支承刚度系数小于 2.0 时，尤其要注意下部支承结构的影响，应将下部支承结构与上部网壳结构作为整体进行分析计算。

(8) 对于矢跨比小于 1/5 的网壳结构，随着矢跨比的增加，下部支承结构对网壳结构动力稳定性的影响增加；而对于矢跨比大于 1/5 的网壳结构，随着矢跨比的增大，下部支承结构对网壳结构动力稳定性的影响变小。当加速度峰值较小时，网壳结构进入塑性杆件的比例很小。当加速度峰值增至动力稳定临界加速度时，进入塑性杆件的数量较多。此时，随着杆件大量进入塑性状态，塑性区域的逐步扩大使结构的整体刚度迅速降低，导致网壳发生整体强度失效破坏。

(9) 下部支承为混凝土柱时，在网壳结构达到动力稳定临界加速度时，混凝土柱的应力较大，部分柱的最大应力已达到混凝土的设计抗压强度，混凝土结构的弹塑性性能变差，造成支承刚度的降低，从而导致同等支承刚度系数下，混凝土柱支承网壳结构的动力稳定临界加速度下降的幅度远大于钢柱支承网壳结构的动力稳定临界加速度下降的幅度。相对于混凝土柱在网壳结构动力失稳时水平刚度的大幅度降低，上部网壳结构矢跨比的变化对结构水平刚度的影响较小，使得网壳结构矢跨比的变化对整体结构的位移以及动力稳定临界加速度的影响不明显。同样，当网壳结构矢跨比大于 1/5 时，在有支承柱时矢跨比的变化对网壳结构动力稳定临界加速度基本无影响。

参 考 文 献

[1] Budiansky B, Roth R S. Axisymmetric dynamic buckling of clamped shallow spherical shells[R]. Washington D C: Collected Papers on Instability of Shells Structures, NASA TND-1510, 1962: 597-606.

[2] Hsu C S. On dynamic stability of elastic bodies with prescribed initial condition[J]. International Journal of Engineering Science, 1966, 4: 1-21.

[3] 中华人民共和国住房和城乡建设部. GB 50010—2010　混凝土结构设计规范[S]. 北京: 中国建筑工业出版社, 2010.

[4] 中华人民共和国住房和城乡建设部. GB 50009—2012　建筑结构荷载规范[S]. 北京: 中国建筑工业出版社, 2012.

[5] 李红梅. 考虑下部支承体系的网壳结构动力响应及稳定性能研究[D]. 保定: 河北农业大学, 2016.

[6] 韩志军. 直杆的撞击屈曲及其应力波效应的实验和理论研究[D]. 太原: 太原理工大学, 2005.

[7] 钟炜辉. 冲击荷载作用下轴心受压构件动力屈曲研究[D]. 西安: 西安建筑科技大学, 2009.

[8] Sun J H, Li H M, Nooshin H, et al. Dynamic stability behaviour of lattice domes with substructures[J]. International Journal of Space Structures, 2014, 29(1):1-7.

[9] Li H M, Wang J L, Ren X Q, et al. Dynamic collapse analysis of reticulated shell structures with substructures[C]. International Conference on Structural, Mechanical and Materials Engineering, Paris, 2016.

[10] Li H M, Lu W, Wang J L, et al. Dynamic collapse analysis of single-layer lattice domes with supporting frames[J]. Applied Mechanics and Materials, 2016, 835: 506-513.

[11] 李红梅, 路维, 王军林, 等. 考虑下部支承结构的单层球面网壳的动力稳定分析[J]. 河北农业大学学报, 2016, 39(4): 104-108.

[12] 中华人民共和国住房和城乡建设部. JGJ 7—2010　空间网格结构技术规程[S]. 北京: 中国建筑工业出版社, 2010.

第3章 带支承网壳结构地震模拟振动台试验

对六角星形单层网壳结构和 K6 型单层网壳结构试验模型进行实际地震波下的振动台试验。为了比较下部支承结构对上部网壳结构的作用，分别设计制作两类试验模型，一类为网壳结构直接坐落于振动台上的试验模型，以模拟在工程设计中通常采用的单独考虑上部网壳结构时的工况；另一类为上部网壳结构通过下部支承钢柱和振动台连接的试验模型，以模拟提出的并且更符合实际工程的网壳与下部支承结构整体受力时的情况。通过对两个试验模型输入 El Centro 三向地震波进行振动台试验，并用数值模拟结果与试验结果进行对比，得出对工程结构较有意义的结论[1]。

3.1 地震模拟振动台设备参数

试验所采用的地震模拟振动台位于长城汽车有限公司(简称长城公司)研发中心实验室，该振动台设备为英国 SERVOTEST 61269B 六自由度振动台，设备性能参数见表 3.1。

表 3.1 振动台设备性能参数

性能	参数
台面尺寸/(m×m)	2.0 × 2.0
最大工作响应频率/Hz	50
最大有效荷载/kN	6.8
最大位移/mm	±125
最大速度/(mm/s)	1200
最大加速度/g	垂直：11 侧向：9.5 纵向：5.8

3.2 六角星形单层网壳结构地震模拟振动台模型试验

3.2.1 六角星形单层网壳结构模型制作

1. 试验模型设计

选用六角星形单层网壳结构试验模型进行地震振动台试验研究。由于振动台台面尺寸的限制，网壳结构试验模型跨度为 1450mm，矢高为 183mm，矢跨比为 1/8。为了分析网壳下部支承结构在地震作用下对上部网壳结构的影响，分别设计了 2 个试验模型。试验模型一为不考虑下部钢柱支承的六角星形单层网壳结构，如图 3.1 所示；试验模型二为考虑下部钢柱支承的六角星形单层网壳结构模型，如图 3.2 所示，钢柱高度取 600mm。

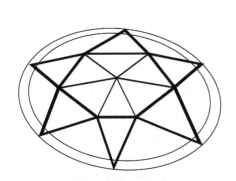 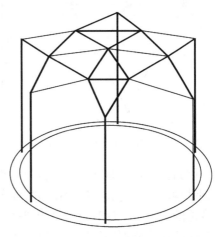

图 3.1　六角星形单层网壳结构试验模型一　　图 3.2　六角星形单层网壳结构试验模型二

试验模型一网壳结构球节点全部选用 ϕ100mm 实心球；试验模型二网壳结构上部节点选用 ϕ100mm 实心球，网壳与钢管柱连接球节点选用 ϕ50mm 实心球。另外，在球节点通过焊接钢板的方式增加配重块以模拟外部荷载，试验模型球节点与配重块相加总质量见表 3.2。由于配重块加工制作误差，各个节点质量大小并不完全相等，但不超过 2% 的误差范围，可认为试验模型节点质量满足试验精度要求。

表 3.2　试验模型球节点与配重块相加总质量　（单位：kg）

模型	节点 1	节点 2	节点 3	节点 4	节点 5	节点 6	节点 7
试验模型一	12.080	12.095	12.080	12.080	12.100	12.080	12.080
试验模型二	12.110	12.090	12.105	12.105	12.090	12.105	12.095

采用空间钢结构设计软件，考虑恒荷载为 0.5kN/m² 和活荷载为 0.5kN/m² 的工况组合，并考虑网壳受压杆件长细比控制要求。经计算分析后，试验模型网壳杆件选用 ϕ10mm 圆钢，下部钢柱选用 ϕ32mm × 2.5mm 圆钢管。试验模型拓扑关系及几何尺寸如图 3.3 所示。

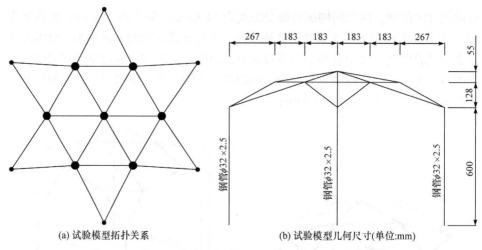

(a) 试验模型拓扑关系   (b) 试验模型几何尺寸(单位:mm)

图3.3   六角星形单层网壳结构试验模型拓扑关系及几何尺寸

因为振动台实验室位于长城公司研发中心,而试验模型加工制作在距离较远的钢结构加工厂完成,试验模型需要车辆运输。为了减少运输对试验模型产生杆件变形的影响,设计时应尽可能减轻网壳试验模型自重,因此将网壳节点配重与网壳试验模型分别进行加工运输,然后在振动台实验室内将两者螺栓连接。

考虑到球节点为实心球,在球节点与连接钢板焊缝连接时焊缝质量不易控制,因此在设计过程中,将钢板切削开孔,钢板开孔孔径小于实心圆球直径,使实心圆球嵌入钢板开孔一定深度,然后再进行焊缝连接。

在设计试验模型时,将较厚钢板配重与连接板一通过焊缝连接,球节点实心球与连接板二焊缝连接,两部分分别称重。连接板一与连接板二在实验室现场进行螺栓连接。试验连接模型如图3.4所示。

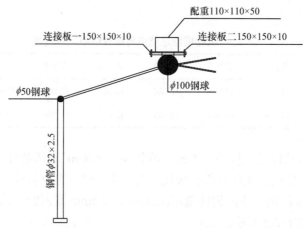

图3.4   六角星形单层网壳结构试验连接模型(单位:mm)

2. 试验模型制作

根据振动台台面尺寸，试验模型直径选为 1450mm，需制作支座圈梁将试验模型与振动台台面进行有效连接。支座圈梁选用 20mm 钢板制作，支座圈梁按照振动台面定位孔位置预先开孔，试验模型与支座圈梁焊缝连接。加工制作后的支座圈梁如图 3.5 所示。

图 3.5　六角星形单层网壳结构支座圈梁

试验模型加工完毕后，通过支座圈梁与振动台台面定位孔对齐进行螺栓连接，并在试验模型上布置测点。试验模型如图 3.6 所示。

(a) 试验模型一　　　　　　　　　　　(b) 试验模型二

图 3.6　六角星形单层网壳结构试验模型

3. 试验测点布置

根据试验模型为结构对称模型的特点，布置了位移、应变及加速度测试点，如图 3.7 所示。在六角星形网壳中间节点编号 1 处布置了加速度传感器和位移计，在杆件中间位置布置应变测试点。节点编号与应变测试点编号如图 3.7 所示。

4. 模型材料杆件试验

试验模型中所有杆件、钢板均采用 Q235B 钢材，杆件采用圆钢，钢管采用无

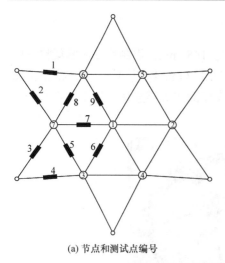

(a) 节点和测试点编号　　　　　　　　　　　(b) 应变测试点实物图

图 3.7　六角星形单层网壳结构试验测点布置图

缝钢管。同时，为了准确模拟网壳结构在地震作用下的动力响应，为数值模拟提供准确的材料力学性能数据，根据 GB/T 228.1—2021《金属材料　拉伸试验　第 1 部分：室温试验方法》[2]，对同一批次的圆钢随机选取 5 组标准试样，在河北农业大学材料实验室使用电子万能试验机进行常温标准拉伸试验。取 5 组单向拉伸试验结果平均值，测得圆钢的屈服强度 f_y=308MPa，弹性模量 E=170GPa。试验结果与 Q235B 钢材理论值相差较大，主要原因是钢筋一般需要通过冷拔加工调直成型，钢筋经调直后钢材屈服强度增大。

5. 振动台试验方案

根据 JGJ/T 101—2015《建筑抗震试验规程》[3]规定，振动台试验一般采用多次分级加载形式。首先需要对试验模型进行数值分析，模拟结构在地震作用下的动力响应，分为弹性和弹塑性两种状态进行动力分析，依据计算结果确定输入振动台台面的加速度峰值。通过逐级增大的加速度峰值，使试验模型逐步经历从弹性到塑性不断发展的过程。

网壳结构地震作用下振动台试验的目的是分析网壳下部支承结构对网壳动力稳定性的影响，本次试验采用 El Centro 三向地震波作为动力输入，记录模型在不同地震加速度峰值作用下的位移、应变和加速度响应，同时观察网壳结构的变形情况。

网壳结构在地震作用下受力较为合理，不易发生动力失稳。振动台设备参数最大位移幅值为±125mm，从最大位移幅值反推振动台所能施加的最大水平加速度为 40m/s²，因此需要对 El Centro 三向地震波进行修正处理。地震加速度峰值不变，时间间隔由 0.02s 调整为 0.00195s，持续时间为 2.5s。修正后的 El Centro 三向地震波如图 3.8 所示。

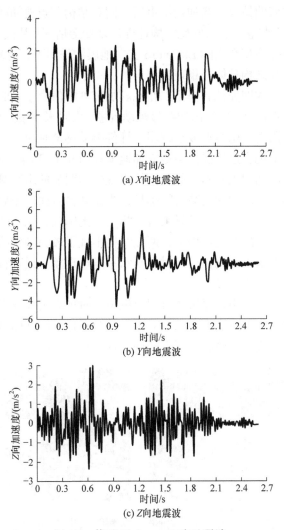

(a) X向地震波

(b) Y向地震波

(c) Z向地震波

图 3.8　修正 El Centro 三向地震波

3.2.2　六角星形单层网壳结构试验结果分析

1. 试验现象

不考虑钢柱支承的网壳结构试验模型一在地震加速度峰值介于 6.8～27.2m/s² 时，网壳结构整体动力响应不强烈，节点相对运动与杆件振动不明显，肉眼未观察到杆件的弯曲情况。当加载结束后，网壳结构未发现明显颤动，当振动台台面完全静止后，未发现结构杆件出现变形情况。在地震加速度峰值介于 27.2～40.8m/s² 时，可观察到网壳结构的节点上下波动，杆件出现明显颤动现象，肉眼未观察到杆件的弯曲情况。当加载结束后，网壳结构节点波动减弱，杆件颤动逐渐衰减。当振动台静止后，未发现结构杆件出现变形情况。从试验观察结果来看，无钢柱支承的网壳模型在实际 El Centro 三向地震波作用下，有较好的抗震性能，未出现杆件失稳和结构整体失稳现象。

考虑钢柱支承的网壳试验模型二在地震加速度峰值介于 6.8～20.4m/s² 时，可观察到网壳的节点波动，杆件出现明显颤动现象，肉眼未观察到杆件的弯曲情况。当加载结束时，网壳结构节点波动减弱，杆件颤动逐渐衰减。当振动台静止后，未发现结构杆件出现变形情况。当地震加速度峰值介于 20.4～40.8m/s² 时，网壳节点波动和杆件颤动现象剧烈，并且钢柱出现较为明显的水平颤动现象。当加载结束时，节点和杆件的颤动衰减时间延长，当振动台台面静止后，肉眼未观察到杆件的弯曲变形。从试验观察结果来看，相比于无钢柱支承的网壳结构，有钢柱支承时试验模型在三向地震作用下，网壳结构出现了较为剧烈的节点波动与杆件颤动现象，并且下部支承钢柱也同时呈现水平颤动现象，说明有钢柱支承的网壳结构地震动力响应较为明显。

在观察过程中，使用普通摄像机固定机位后对加载过程进行全程录像，试验模型二在试验过程中加速度为 27.2m/s² 时的部分录像截图如图 3.9 所示。由图可知，网壳结构试验模型在地震作用下杆件出现了较大变形。

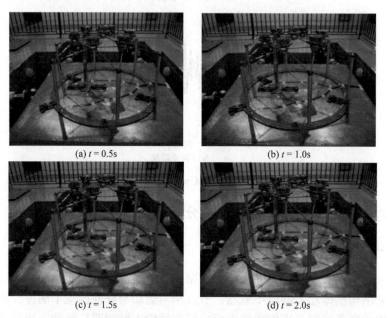

(a) $t = 0.5$s　　　　　　　　　　　　(b) $t = 1.0$s

(c) $t = 1.5$s　　　　　　　　　　　　(d) $t = 2.0$s

图 3.9　六角星形单层网壳结构试验过程录像截图($a = 27.2$m/s²)

2. 试验结果分析

截取加速度峰值为 27.2m/s² 时的网壳结构顶点位移时程曲线和应变时程曲线,试验模型一网壳结构顶点竖向位移时程曲线如图 3.10 所示,试验模型一网壳结构杆件 5 的应变时程曲线如图 3.11 所示。由图可知,节点位移以及杆件应变的振动平衡位置均比较均衡,未出现明显偏移,表明结构未出现动力失稳情况。

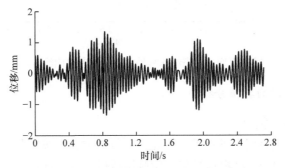

图 3.10　试验模型一网壳结构顶点的竖向位移时程曲线(a = 27.2m/s²)

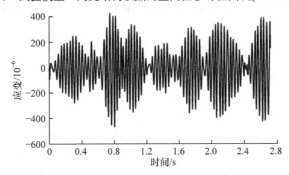

图 3.11　试验模型一网壳结构杆件 5 的应变时程曲线(a = 27.2m/s²)

试验模型二网壳结构顶点竖向位移时程曲线如图 3.12 所示,试验模型二网壳结构杆件 5 的应变时程曲线如图 3.13 所示。由图可知,节点位移及杆件应变均在平衡位置附近变化,未出现偏移现象。

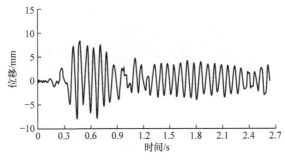

图 3.12　试验模型二网壳结构顶点的竖向位移时程曲线(a = 27.2m/s²)

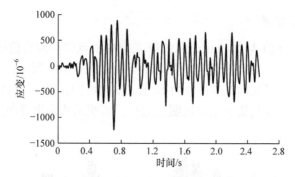

图 3.13　试验模型二网壳结构杆件 5 的应变时程曲线($a = 27.2\text{m/s}^2$)

3. 试验模型动力数值分析

1) 有限元分析模型

对网壳结构试验模型进行了有限元动力数值仿真。按照几何模型建立了有限元分析模型(图 3.14),材料参数如试验测试所得。网壳杆件与钢柱采用梁单元,球节点采用质量单元模拟,边界条件按照振动台试验现场观察取为固定约束。

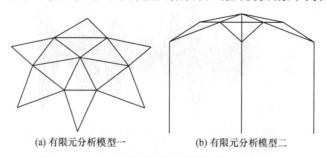

(a) 有限元分析模型一　　　　　　　　(b) 有限元分析模型二

图 3.14　六角星形单层网壳结构有限元分析模型

2) 数值分析结果与试验结果分析

截取地震波加速度峰值为 40.8m/s² 时的网壳结构顶点竖向位移时程曲线和杆件 5 的应变时程曲线。试验模型一的位移时程曲线和应变时程曲线分别如图 3.15 和图 3.16

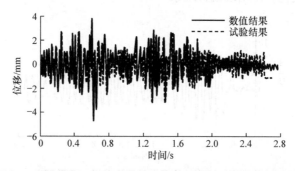

图 3.15　试验模型一网壳结构顶点的位移时程曲线($a = 40.8\text{m/s}^2$)

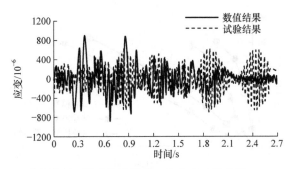

图 3.16　试验模型一网壳结构杆件 5 的应变时程曲线($a = 40.8\text{m/s}^2$)

所示，试验模型二的位移时程曲线和应变时程曲线分别如图 3.17 和图 3.18 所示，由图可知，数值结果与试验结果相对吻合，说明数值分析结果准确可靠。

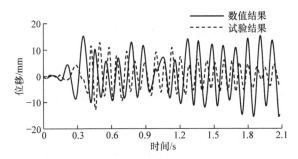

图 3.17　试验模型二网壳结构顶点的位移时程曲线($a = 40.8\text{m/s}^2$)

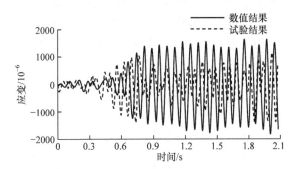

图 3.18　试验模型二网壳结构杆件 5 的应变时程曲线($a = 40.8\text{m/s}^2$)

　　网壳结构加速度峰值与顶点竖向位移幅值的关系如图 3.19 所示。由图可知，有钢柱支承的网壳结构试验模型(试验模型二)在同等加速度峰值下，其位移幅值远大于无柱支承的网壳结构试验模型(试验模型一)，且两者均未发生动力失稳。同时，试验结果与数值分析结果曲线趋势相同，数值结果与试验结果较为接近，可以通过有限元动力时程分析准确预测网壳结构的动力响应。

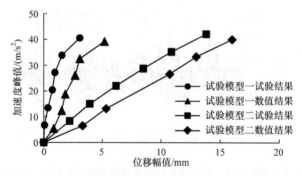

图 3.19　网壳结构加速度峰值与顶点位移幅值的关系

3.3　K6 型单层球面网壳结构地震模拟振动台模型试验

3.3.1　K6 型单层球面网壳结构模型制作

1. 试验模型设计

本次地震振动台试验仍在长城公司研发中心振动实验室完成，振动台设备参数不变。

K6 型单层球面网壳结构试验模型跨度为 1800mm，按照 JGJ 7—2010《空间网格结构技术规程》[4]中的要求，球面网壳结构的矢跨比不宜小于 1/7，本次 K6 型单层球面网壳结构试验模型取矢跨比为 1/3，矢高为 600mm。

为了分析下部支承结构在地震作用下对上部网壳结构的影响，分别设计两个试验模型。试验模型一为不考虑下部支承结构的 K6 型单层球面网壳结构，如图 3.20 所示，网壳结构底部圈梁部分球节点通过 150mm 高的钢柱与底板焊接。

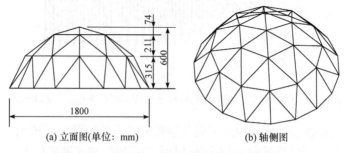

(a) 立面图(单位: mm)　　　　　(b) 轴侧图

图 3.20　K6 型单层球面网壳结构试验模型一

试验模型二为下部有钢柱支承的 K6 型单层球面网壳结构模型，如图 3.21 所示，钢柱高度取 600mm。在网壳结构三条主拱肋方向设置 6 榀支承钢柱，钢柱与底板采取焊缝连接方式。

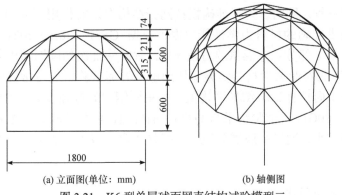

(a) 立面图(单位: mm)　　　　　　　　(b) 轴侧图

图 3.21　K6 型单层球面网壳结构试验模型二

　　采用空间钢结构计算软件，考虑 0.5kN/m² 恒荷载和 0.5kN/m² 活荷载工况组合，并考虑网壳受压杆件长细比控制要求，经计算分析后，网壳杆件选用 ϕ6mm 圆钢，网壳下部支承钢柱选用 ϕ48mm × 3.5mm 圆钢管，球节点全部选用 ϕ100mm 实心球。

　　将杆件截面设计后的网壳结构模型在有限元分析软件中预先进行地震响应试算，根据振动台参数限制，通过在网壳中间 7 个球节点位置设置配重，期望试验模型在地震作用下达到动力失稳状态。在六角星形单层球面网壳结构试验模型中，配重块之间通过焊缝连接，配重块重量精度不易控制，因此在六角星形单层球面网壳结构试验模型基础之上，本次试验模型改良了球节点和配重块的连接方式。首先将实心球上下两端通过机床加工，上下两端水平削去 10mm 高度。配重共 4块，在实心球上下两端各设置 2 块，配重采用 100mm × 100mm × 25mm 钢板，中间开设螺栓孔，通过 M12 螺栓与实心球连接(图 3.22)。

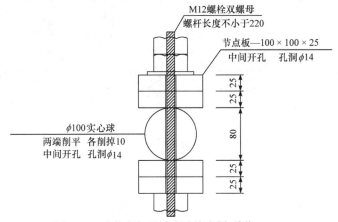

图 3.22　球节点与配重块连接大样(单位: mm)

2. 模型材料试验

试验模型实心球、杆件、钢板均采用 Q235B 钢材，杆件采用圆钢，钢管柱采用无缝钢管。同时，为了准确模拟网壳结构在地震作用下的动力响应，为数值模拟提供准确的材料力学性能数据，根据 GB/T 228.1—2021《金属材料拉伸试验　第 1 部分：室温试验方法》[2]，对同一批次的圆钢随机截取 5 组标准试样，在河北农业大学材料实验室使用电子万能试验机进行常温标准拉伸试验。取 5 组单向拉伸试验结果平均值，测得圆钢的屈服强度 $f_y = 350$MPa，弹性模量 $E = 180$GPa。试验结果与 Q235B 钢材理论值相差较大，主要原因是所选圆钢直径较小，钢筋一般需要通过冷拔加工盘直成型，加工后钢材屈服强度增大。

3. 试验模型制作

所有钢结构构件在加工制作前经过表面除锈,实心球和杆件采用角焊缝焊接，角焊缝的最小焊脚尺寸为 6mm，均为满焊。每一球节点的定位轴线须从地面控制线引出，以免产生累积误差。网壳结构单元在逐次安装过程中，及时调整消除累积误差，使总安装偏差最小，以符合设计要求。

试验模型在钢结构加工厂制作完成后，在运输途中使用临时支撑(方钢管)固定网壳结构实心球，防止实心球的自重导致杆件产生弯曲变形。在振动台实验室吊装网壳结构试验模型时，在网壳结构试验模型底板下部设置 I20a 工字钢作为临时支撑吊点，底板与工字钢通过螺栓临时连接，在吊装过程中，吊车慢速平稳运行，将试验模型安置在振动台面上，如图 3.23 所示。

　　(a) 无下部支承网壳结构试验模型　　　　　(b) 有下部支承网壳结构试验模型

图 3.23　K6 型单层球面网壳结构试验模型

4. 试验测点布置

根据试验模型为结构对称模型的特点，布置位移、应变及加速度测试点如图 3.24 所示。K6 型单层球面网壳结构试验模型中节点编号为 1 的中间球节点处布置竖向、Y 向位移计，并同时布置加速度传感器。在部分杆件中间位置布置应变测试点。

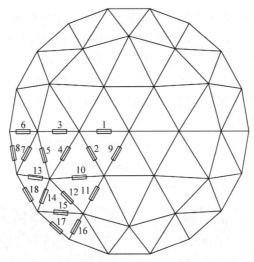

图 3.24　K6 型单层球面网壳结构应变试验测试点布置图

3.3.2　K6 型单层球面网壳结构试验结果分析

1. 试验现象

试验采用实际 El Centro 三向地震波作为动力输入,记录试验模型在不同地震加速度幅值荷载作用下的位移、应变和加速度响应,同时观察网壳结构的变形情况。K6 型单层球面网壳结构试验模型地震波输入同前文六角星形网壳结构试验模型地震波输入。

无钢柱支承的网壳结构试验模型一在地震加速度峰值介于 6.8~20.4m/s² 时,网壳结构整体动力响应不强烈,节点相对运动与杆件振动不明显,肉眼未观察到杆件的弯曲情况。当加载结束后,网壳结构未发现明显颤动,当振动台台面完全静止后,未发现结构杆件出现变形情况。在地震加速度峰值介于 20.4~34m/s² 时,可观察到网壳的节点上下波动,杆件出现轻微颤动现象,肉眼未观察到杆件的弯曲情况。当加载结束后,网壳结构节点波动减弱,杆件颤动逐渐衰减。当振动台静止后,未发现结构杆件出现变形情况。从试验观察结果来看,无钢柱支承的网壳结构模型在实际 El Centro 三向地震波作用下,有较好的抗震性能,未出现杆件失稳和结构整体失稳现象。

有钢柱支承的网壳结构试验模型二在地震加速度峰值介于 6.8~20.4m/s² 时,可观察到网壳结构节点波动,杆件出现明显颤动现象,特别是周圈环梁部位节点上下颤动较为明显,同时钢柱也出现水平位移,肉眼未观察到杆件的弯曲情况。当加载结束时,网壳结构节点波动减弱,杆件颤动逐渐衰减。当振动台静止后,未发现结构杆件出现变形情况。当地震加速度峰值介于 20.4~34m/s² 时,网壳结构节点波动和杆件颤动现象剧烈，并且钢柱出现了较为明显的水平位移。当加载结束时，节点和杆件的颤动衰减时间延长，当振动台台面静止后，肉眼未观察到杆件的弯曲变形。由试验结果来看，相比于无钢柱支承的网壳结构，有钢柱支承时试验模型二在三向地震作用下，网壳结构出现了较为剧烈的节点波动与杆件颤动现象，并且下部支承钢柱也同时呈现水平颤动现象，说明有钢柱支承的网壳结构地震动力响应较为明显。

在观察过程中，使用普通摄像机固定机位后对加载过程进行全程录像，试验模型二在试验过程中加速度峰值为 27.2m/s^2 时的录像截图如图 3.25 所示。由图可知，网壳结构试验模型在地震作用下杆件出现了较大变形。

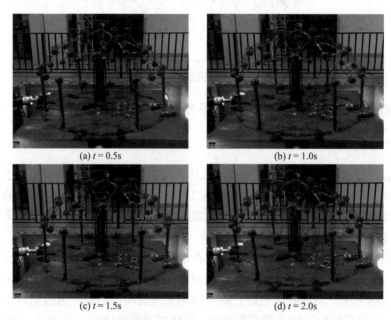

(a) $t = 0.5\text{s}$　　　　　　　　　　　　(b) $t = 1.0\text{s}$

(c) $t = 1.5\text{s}$　　　　　　　　　　　　(d) $t = 2.0\text{s}$

图 3.25　K6 型单层球面网壳结构试验过程录像截图($a = 27.2\text{m/s}^2$)

2. 试验模型动力数值分析

对网壳结构试验模型进行有限元动力数值仿真。首先按照几何模型建立有限元分析模型，材料参数如前文试验测试所得。网壳结构杆件与钢柱采用梁单元，球节点采用质量单元，边界条件按照振动台试验现场观察取为固定约束。

1) 试验模型一数值分析结果与试验结果分析

截取地震波加速度峰值为 27.2m/s^2 时的网壳结构顶点位移时程曲线和杆件 2 的应变时程曲线。试验模型一的竖向和水平位移时程曲线分别如图 3.26 和图 3.27 所示。由图可知，位移时程曲线保持在平衡位置附近，未出现偏离平衡位置振荡，此时可判定试验模型一未出现动力失稳情况。试验模型一的应变时程曲线如图 3.28

所示。从位移时程曲线和应变时程曲线可知,数值分析结果与试验结果相对吻合,说明数值结果准确可靠。

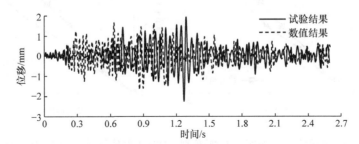

图 3.26 K6 型单层球面网壳结构试验模型一顶点的竖向位移时程曲线

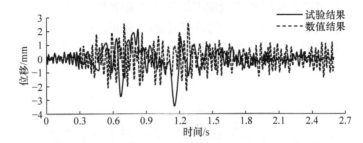

图 3.27 K6 型单层球面网壳结构试验模型一顶点的水平位移时程曲线

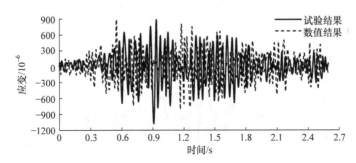

图 3.28 K6 型单层球面网壳结构试验模型一杆件 2 的应变时程曲线

网壳结构加速度峰值与顶点竖向位移幅值的关系如图 3.29 所示。由图可知,试验模型一试验结果与数值分析结果曲线趋势相同,数值仿真分析与试验结果较为接近,可以通过有限元动力时程分析准确预测网壳结构的动力响应。由图可知,加速度峰值与位移幅值大致呈线性关系,未出现微小动力加速度增量导致竖向位移迅速增大的现象,基于上述判定,可认为试验模型一未出现动力失稳情况。

2) 试验模型二数值分析结果与试验结果分析

截取地震波加速度峰值为 27.2m/s² 时的网壳结构顶点位移时程曲线和杆件 2 的应变时程曲线。试验模型二的竖向和水平位移时程曲线如图 3.30 和图 3.31 所示。

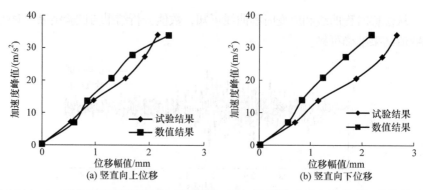

图 3.29　K6 型单层球面网壳结构试验模型一加速度峰值与顶点竖向位移幅值的关系

由图可知，节点竖向位移时程曲线偏离原振荡平衡位置，此时可判定试验模型二已处于动力失稳状态。试验模型二的应变时程曲线如图 3.32 所示。从位移时程曲线和应变时程曲线图中可知，数值分析结果与试验结果相对吻合，说明数值分析结果准确可靠。

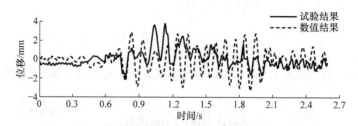

图 3.30　K6 型单层球面网壳结构试验模型二顶点的竖向位移时程曲线

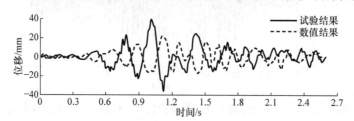

图 3.31　K6 型单层球面网壳结构试验模型二顶点的水平位移时程曲线

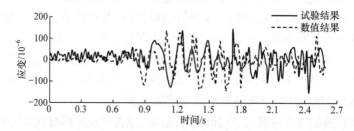

图 3.32　K6 型单层球面网壳结构试验模型二杆件 2 的应变时程曲线

网壳结构加速度峰值与顶点竖向位移幅值的关系如图 3.33 所示,网壳结构加速度峰值与顶点水平位移幅值的关系如图 3.34 所示。由图可知,有钢柱支承的试验模型二在加速度峰值为 27.2m/s² 时,随着动力加速度峰值小幅度增加,节点的竖向位移和水平位移均出现快速增长的情况,这一结果表明试验模型二在加速度峰值 27.2m/s² 附近进入了动力失稳状态。同时,试验结果与数值分析结果曲线趋势相同,数值仿真分析与试验结果较为接近,可以通过有限元动力时程分析准确预测网壳结构的动力响应。

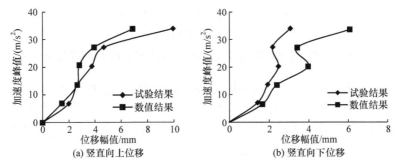

图 3.33　K6 型单层球面网壳结构试验模型二加速度峰值与顶点竖向位移幅值的关系

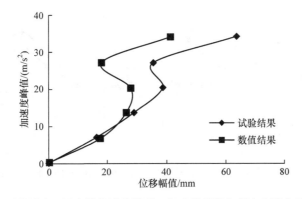

图 3.34　K6 型单层球面网壳结构试验模型二加速度峰值与顶点水平位移幅值的关系

网壳结构加速度峰值与不同环向节点竖向位移幅值的关系如图 3.35 所示,结构从中心环向外环的节点先后出现最大竖向位移,节点编号如图 3.24 所示。由图可知,有钢柱支承的试验模型二在加速度峰值为 27.2m/s² 时,三个环向节点都出现了随动力加速度峰值小幅度增加而竖向位移快速增长的情况。结果表明,试验模型二在加速度峰值为 27.2m/s² 附近进入了动力失稳状态。同时,节点越偏向外环,动力加速度下节点的竖向位移幅值越大。

网壳结构杆件加速度峰值与应变幅值关系如图 3.36 所示。由图可知,有钢柱支承的试验模型二在加速度峰值为 27.2m/s² 时,杆件应变出现极小值。根据提出

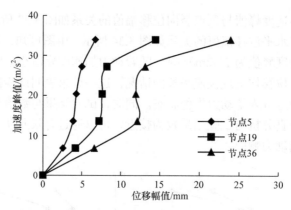

图 3.35　K6 型单层球面网壳结构加速度峰值与竖直向下位移幅值的关系

的判定网壳结构杆件动力失稳准则,当微小的动力加速度增量导致杆件最大压力快速减小时,可认为该杆件已动力失稳。上述结果表明,在加速度峰值为 27.2m/s^2 附近时,网壳的杆件进入动力失稳状态。同时,数值结果与试验结果曲线趋势相同,数值结果与试验结果较为接近。

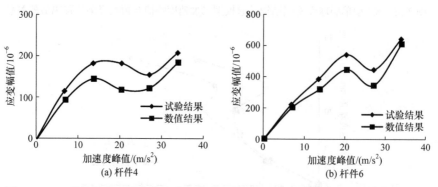

图 3.36　K6 型单层球面网壳结构试验模型二中杆件的加速度峰值与应变幅值的关系

3) 试验模型一与试验模型二结果对比分析

　　网壳结构试验模型一和试验模型二的加速度峰值与顶点竖向位移幅值的关系如图 3.37 所示。由图可知,有钢柱支承的试验模型二在同等加速度峰值下,其位移幅值远大于无钢柱支承的试验模型一;同时无钢柱支承的试验模型一在加载过程中没有出现动力失稳情况,而有钢柱支承的试验模型二则在加速度峰值为 27.2m/s^2 时,结构出现了动力失稳情况。上述结果表明,有钢柱支承的网壳结构抗震性能低于无钢柱支承的网壳结构。同时,数值结果与试验结果曲线趋势相同,数值结果与试验结果较为接近,可以通过有限元动力时程分析准确预测网壳结构的动力响应。

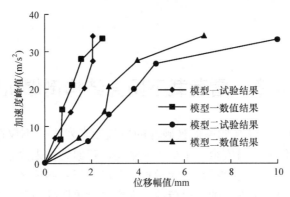

图 3.37　K6 型单层球面网壳结构加速度峰值与顶点竖直向上位移幅值的关系

3.4　本 章 小 结

对有支承柱和无支承柱的六角星形单层网壳结构和 K6 型单层球面网壳结构试验模型进行了 El Centro 三向地震波振动台试验，并对试验模型进行了数值仿真分析，可得出如下结论。

(1) 通过观察试验现象可知，虽然两个试验模型均没有出现明显的动力失稳现象，但无钢柱支承的网壳结构刚度较大，抗震性能良好。有钢柱支承的网壳结构模型抗震性能低于无支承柱网壳结构，因此在实际工程应用中需要考虑下部支承结构对网壳结构地震作用的影响。

(2) 有无钢柱支承对网壳结构的刚度影响较大。无钢柱支承的网壳结构刚度较大，没有明显的动力失稳现象；有钢柱支承的 K6 型单层球面网壳结构试验模型在加速度峰值为 27.2m/s^2 时，出现了较为明显的动力失稳情况，验证了考虑支承柱时网壳结构的抗震性能低于不考虑支承结构网壳结构的抗震性能。

(3) 通过数值结果与试验结果对比，发现两者结果较为接近，验证了本章理论分析的可靠性与准确性。

参 考 文 献

[1] 李红梅. 考虑下部支承体系的网壳结构动力响应及稳定性能研究[D]. 保定: 河北农业大学, 2016.

[2] 国家市场监督管理总局, 国家标准化管理委员会. GB/T 228.1—2021　金属材料　拉伸试验第 1 部分: 室温试验方法[S]. 北京: 中国标准出版社, 2010.

[3] 中华人民共和国住房和城乡建设部. JGJ/T 101—2015　建筑抗震试验规程[S]. 北京: 中国建筑工业出版社, 2015.

[4] 中华人民共和国住房和城乡建设部. JGJ 7—2010　空间网格结构技术规程[S]. 北京: 中国建筑工业出版社, 2010.

第4章 雪荷载下网壳结构倒塌机理

在积雪作用下网壳结构屋面被破坏的事故屡有发生，不仅造成经济上的损失，还威胁到人们的人身安全。单层网壳结构较普通结构来说柔性较大，对于雪荷载特别是非均匀分布的雪荷载更为敏感，所以对于一些地区，雪荷载作用可能成为影响网壳结构稳定性能的主要荷载。本章将对单层柱面和球面网壳结构在雪荷载不同分布形态下的稳定性能进行较为详细的讨论，确定单层柱面和球面网壳结构的最不利雪荷载分布形态，为网壳结构工程设计提供技术参考[1-6]。

4.1 单层柱面网壳结构模型及倒塌参数分析

4.1.1 单层柱面网壳结构模型

1. 计算方案及参数确定

网壳结构跨度 $B = 30\text{m}$，矢高 $f = 7.5\text{m}$，长度 $L = 45\text{m}$，主体为工程常用的三向型单层柱面网壳，纵向 15 个网格，跨向 10 个网格，模型如图 4.1 所示。采取周边支承，支承点数量为 50 个，设定各个支承点为刚性连接。所有杆件单元选用梁柱单元模型中的拉弯压弯类型。在网壳结构主体上的杆件长度有两种，即 3.0m 和 2.296m，接近最佳杆件长度 3m。采用工程中最常用的三向网格单层柱

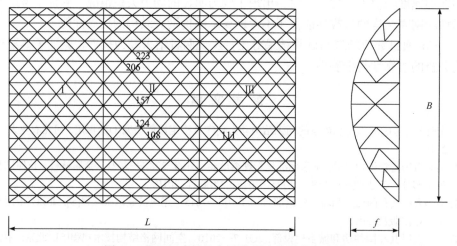

图 4.1 柱面网壳结构布置图(最大位移节点编号)

面网壳结构为研究对象，结构杆件及节点的设计如图 4.2 和图 4.3 所示，利用通用有限元分析软件进行结构的非线性稳定分析。计算模型中的杆件为梁单元，选用 Q235 钢材，弹性模量 $E = 210\text{GPa}$，剪切模量 $G = 81.7\text{GPa}$，泊松比 $\nu = 0.26$，密度 $\rho = 7850\text{kg/m}^3$。材料模型采用双线性等向强化模型，屈服准则为米泽斯屈服准则，屈服强度 $f_y = 235\text{MPa}$。

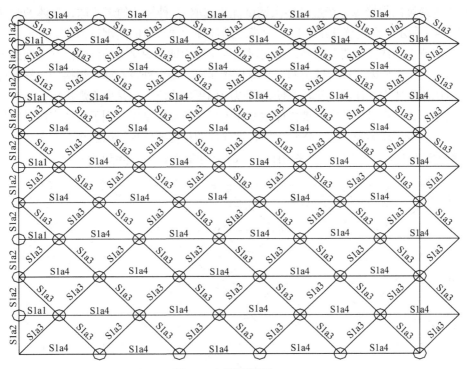

图 4.2　杆件配置图(1/4)

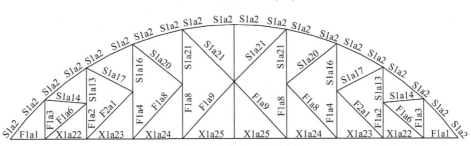

图 4.3　杆件配置侧视图

2. 结构荷载及工况组合

由于结构设计软件考虑计算结构自重，恒载中不再计算结构自重。设计所取的具体荷载如下：屋面恒载，拱形彩色钢板屋面为 0.30kN/m^2(包括保温层及灯具重量)；不上人屋面活荷载为 0.5kN/m²。工况组合为 1.2 恒载+1.4 活载。

3. 杆件与球节点配置

模型中的杆件圆钢管一共有 4 种，分别为 $\phi76\text{mm} \times 3.5\text{mm}$、$\phi89\text{mm} \times 4\text{mm}$、$\phi114\text{mm} \times 4\text{mm}$ 和 $\phi140\text{mm} \times 4.5\text{mm}$，具体杆件配置如图 4.2 所示。球节点选用适用于大跨度的焊接球，经过了多次调试优化选取 3 种尺寸的焊接球，具体的配置如图 4.3 所示。经过优化配置后，此模型的杆件和球节点的用钢量为 17kg/m²。

球节点的选择主要有两种，下面对比说明螺栓球和焊接球的优缺点并说明选择焊接球的主要原因。焊接球由两个半球焊接而成，是一种空心球。焊接球比螺栓球节点的刚度要大，连接也比较方便，所以应用更加广泛。但是由于焊接球一般都是现场施工，工作量比较大。螺栓球主要在工厂进行加工制作，到了现场直接拼装就可以，减少了现场施工的工作量。但是螺栓球的精度要比焊接球的高，大多数情况下螺栓球价格较高，相对人工费用较低，故选用焊接球，具体配置如图 4.4 所示。

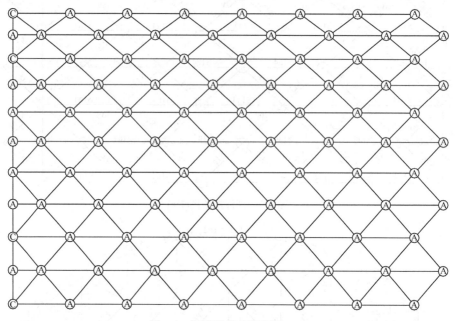

图 4.4 焊接球节点配置图(1/4)

4. 杆件内力

经过满应力计算后，可以得到结构各个杆件的内力图。由于结构和荷载都是对称的，选取 1/4 结构进行详细分析；同时，由于杆件的弯矩很小，内力图中列出了网壳结构杆件的轴力，如图 4.5～图 4.7 所示。网壳结构节点的挠度如图 4.8 所示。

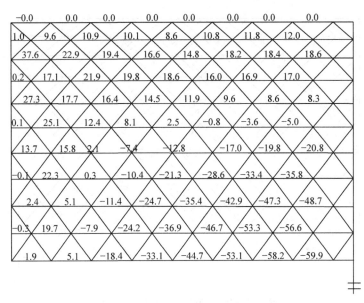

图 4.5　纵杆杆件轴力图(单位：kN)

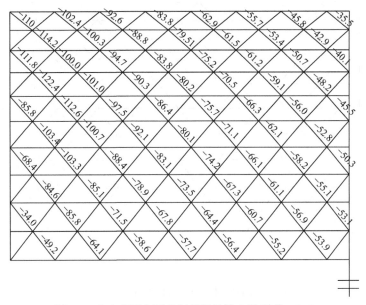

图 4.6　左上角到右下角斜杆杆件轴力图(单位：kN)

　　根据杆件和荷载的对称布置，将不同轴力图分成三个方向进行分析说明。由图 4.5 可知，在同一纵向线上的杆件轴力，越是靠近边缘轴力越大，越是靠近中心位置轴力越小；不同纵向线上杆件的轴力，越是靠近角点的纵向线轴力越大；而且可以得到，在均布荷载的作用下，纵向线上的杆件主要受压力作用。由

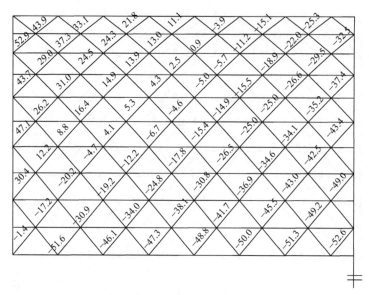

图 4.7　左下角到右上角斜杆杆件轴力图(单位：kN)

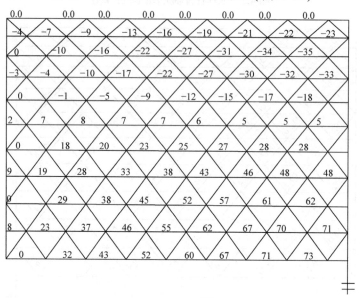

图 4.8　网壳结构节点的挠度图(单位：mm)

图 4.6 和图 4.7 可知，不同斜向线上的杆件轴力，离角点越近，轴力越大；然而在同一斜向线上的杆件轴力变化规律不是特别明显，但可以看出越是中点位置的杆件轴力呈现越小的变化趋势；在均布荷载的作用下，靠近角点的杆件大多受拉力作用，远离中心的杆件大多受压力作用。因此，在杆件配置时，应该加大边缘纵向线上杆件的截面尺寸，尤其是离角点较近的杆件必须进行截面加大，才能保

证结构的安全经济。

由图 4.8 可知，在均布荷载的作用下，边缘处节点位移为负值，即节点凸起。但靠近中跨位置节点位移均为正值，即往下凹陷，并且在网壳的中心点位置的节点最大位移为 73mm。所以本结构模型的最大挠度是 73mm，小于规范规定的 $L/400 = 75$mm。

4.1.2 单层柱面网壳结构雪荷载特性

1. 雪荷载计算

不同国家和组织所用的雪荷载计算公式不同，其基本计算公式全面反映了结构形式、参数类型、参数数量等。我国规范、美国土木工程师协会(the American Society of Civil Engineers，ASCE)规范、美国国家建筑规范(National Building Code，NBC)和欧盟建筑工程设计规范(Eurocodes，EU)的雪荷载基本计算公式分别如式(4.1)~式(4.4)所示：

$$S_k = \mu_r S_0 \tag{4.1}$$

$$P_s = 0.7 C_s C_e C_t I P_g \tag{4.2}$$

$$S = I_s [S_s (C_b C_w C_s C_a) + S_r] \tag{4.3}$$

$$S = \mu_i C_e C_t S_k \tag{4.4}$$

式中，S_k(式(4.1))、P_s、S 为雪荷载标准值；S_0、P_g、S_s、S_k(式(4.4))为基本雪压；μ_r 为雪荷载分布系数，在非均匀分布时最大雪压记为 $\mu_{r,m}$；C_s 为倾斜系数，反映屋面坡度的影响；C_e 为遮挡系数，反映周围环境对建筑的遮挡效应；C_t 为热力系数，反映建筑采暖情况的影响；I_s 为建筑重要性系数；C_b 为屋面雪荷载基本系数，除大跨度屋面有特殊规定外，一般情况下均取 0.8；C_w 为风力系数；C_a、μ_i 为屋面形状系数；S_r 为 50 年一遇的关联雨水荷载。

从上述计算公式可得，屋面雪荷载的求得都与基本雪压有关，并且在不同的规范中还考虑了屋面坡度、周围的建筑遮挡、建筑采暖、风荷载甚至是雨水荷载对雪荷载的影响。这些影响因素表现在雪荷载的计算公式中，其取值范围在各个规范中也详细给出，以下从定义、计算公式和影响因素等方面对基本雪压做详细介绍。

基本雪压是雪荷载的基准压力，一般按当地空旷平坦地面上积雪自重的观测数据，经概率统计得出的 50 年一遇最大值确定。其计算公式如式(4.5)所示：

$$S = \gamma d \tag{4.5}$$

式中，S 为基本雪压；γ 为雪重度；d 为雪深。

可以看出，决定基本雪压的重要因素是雪重度和雪深，雪重度的影响因素有以下 3 个。

(1) 由于室内采暖屋面楼板的温度较高，较高的温度会使紧靠屋面的雪颗粒融化，而导致雪密度增加。

(2) 在风荷载的作用下积雪会发生漂移现象，使积雪发生集中堆积，导致积雪更加密实；风荷载垂直于积雪面的分力也会导致积雪被压实，雪重度增加。

(3) 雪重度还会随着雪深的增加而增加，如图 4.9 所示。

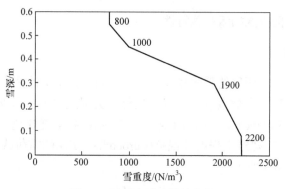

图 4.9　雪重度随雪深的变化

在寒冷地区，积雪时间一般较长甚至在整个冬季存在，随着时间的延续，积雪由于受到压缩、融化、蒸发及人为搅动等，其重度不断增加。从冬初到冬末，雪重度可差 1 倍。不少国家对雪重度做了统计研究，得出一些有关雪重度的计算公式。为工程应用方便，常将雪重度定为常值，即以某地区的气象记录资料统计后所得雪重度平均值或某分位值作为该地区的雪重度。例如，俄罗斯、罗马尼亚等国家雪重度取 $2.2kN/m^3$，加拿大取 $2kN/m^3$，法国取 $1.5kN/m^3$。我国幅员辽阔，气候条件差异较大，故对不同地区取不同的雪重度，东北及新疆北部地区取 $1.5kN/m^3$；华北及西北地区取 $1.3kN/m^3$，其中青海取 $1.2kN/m^3$；淮河、秦岭以南地区一般取 $1.5kN/m^3$，其中江西、浙江取 $2.0kN/m^3$。

基本雪压一般根据年最大雪压进行统计分析确定。应当指出，最大雪深与最大雪重度两者并不一定同时出现。当年最大雪深出现时，对应的雪重度多数情况下不是本年度的最大值。因此，采用平均雪重度来计算雪压有一定的合理性。

2. 影响雪荷载分布的因素

现实的屋面积雪分布大多不是均匀的，而造成这一结果的原因大致可分为 3 种：风荷载作用、屋面坡度、温度作用。

1) 风荷载作用

风荷载导致积雪发生漂移，使得屋面上有的地方积雪很厚，有的地方却没有积雪；还有的地方处于风口，风速很大，以至于把积雪吹散，在那块区域根本就没有积雪；对于拱形屋面，屋面迎风面的积雪会被吹走，但是在背风面风荷载呈现为吸力，在风中卷积的雪颗粒会在背风面一侧停留，这些原因导致积雪本身分布不均匀和分布位置不均匀。

2) 屋面坡度

一般情况下屋面坡度越大，屋面的雪荷载越小，这是因为雪具有滑移作用。对于所研究的拱形结构，当屋面坡度大于 60°时，屋面雪荷载分布系数为零，即不受雪荷载作用。这是由于屋面坡度太大，积雪没有足够的附着力产生滑落。另外，屋面的所用材料的摩擦系数越小，积雪越容易发生滑移。还有可能像拱形屋面这种双坡屋面，在一侧受到太阳光辐照，靠近屋面层的积雪融化形成一层薄薄的膜，使得积雪的附着力减小，在有太阳光的一侧积雪发生滑移，这样就会造成半跨有雪荷载半跨无雪荷载作用的情况。

3) 温度作用

在下雪的季节房屋内一般都会有采暖措施，其屋面温度较室外的高，使得靠近屋面层的积雪融化形成薄膜层，导致雪荷载滑移。而在檐口处一般没有采暖措施，温度较低，融化的雪水在这里重新结成冰，对屋面产生附加的荷载。结成的冰会对积雪的滑移造成一定的影响，这就使得雪荷载分布不均匀。

3. 关于拱形屋面积雪荷载的相关规定

按照我国现行标准 GB 50009—2012《建筑结构荷载规范》[7]，雪荷载的计算公式为式(4.1)，式中的雪荷载分布系数 μ_{r} 取值见表 4.1。拱形屋面在分布区域上按跨向全跨、半跨，以及按纵向分段布置雪荷载，在分布厚度上按均匀、不均匀布置雪荷载，分析不同雪荷载作用于网壳结构的稳定性。

表 4.1　拱形屋面雪荷载分布系数

类别	屋面形式及雪荷载分布系数 μ_{r}

$\mu_{\mathrm{r,m}} = 0.2 + 10 f / l \quad (\mu_{\mathrm{r,m}} \leqslant 2.0)$

0.5$\mu_{\mathrm{r,m}}$　　$\mu_{\mathrm{r,m}}$

$l_{\mathrm{e}}/4$　$l_{\mathrm{e}}/4$　$l_{\mathrm{e}}/4$　$l_{\mathrm{e}}/4$

拱形屋面

f

l

屋面雪荷载分布情况

4.1.3 单层柱面网壳结构雪荷载分布方案

将网壳结构沿纵向分为三段，分别命名为Ⅰ区、Ⅱ区、Ⅲ区。在非线性数值分析过程中，根据网壳的受力特点，将不同分布的雪荷载等效集中为相应节点集中力进行分析。为获得网壳结构雪荷载的最不利分布形态，给出 6 种可能的荷载工况进行分析，具体如下：

(1) 全跨作用均布雪荷载。

(2) 全跨作用非均布雪荷载。

(3) 半跨作用均布雪荷载。

(4) 半跨作用非均布雪荷载。

(5) Ⅰ区和Ⅲ区作用半跨非均布雪荷载，Ⅱ区不作用雪荷载。

(6) Ⅱ区作用半跨非均布雪荷载，Ⅰ区和Ⅲ区不作用雪荷载。

三向网格单层柱面网壳结构模型的边界条件假定为固结，约束支座处节点的三向角位移和线位移。和其他结构类型对比，单层空间网壳结构杆件数量众多，结构柔性较大而导致几何非线性较为明显，数值分析运算量较大，特别是在结构屈曲后阶段，荷载-位移曲线出现下降段。利用有限元分析软件对网壳结构在上述 6 种不同分布雪荷载下进行非线性屈曲全过程分析，通过弧长迭代法来得到结构的屈曲前后全过程曲线。通过对不同雪荷载作用下稳定承载力进行对比，确定网壳结构的最不利雪荷载分布形态。

4.1.4 单层柱面网壳结构倒塌参数分析

1. 单层柱面网壳结构全跨作用均布雪荷载

对网壳结构施加全跨均布雪荷载进行受力分析，按照 GB 50009—2012《建筑结构荷载规范》[7]规定的拱形屋面的雪荷载分布系数，计算得到雪荷载分布系数 μ_r 为 0.5。保定重现期为 100 年的雪压为 0.4kN/m²，所以雪荷载的标准值为 0.2kN/m²。根据网壳结构的荷载-位移曲线分析结构的失稳过程，完整了解结构在加载过程中强度、刚度及稳定性的变化历程，并且根据刚度变化趋势确定结构的稳定承载力。图 4.10 为网壳结构最大位移节点 206 的荷载-位移曲线，图 4.11 为不同时刻点单层柱面网壳结构在全跨均布雪荷载下的变形图。

随着荷载慢慢加大，节点的竖向位移也跟着不断加大，在 A 点之前荷载-位移曲线的斜率较大，即随着荷载的增加，位移的变化微小，网壳变形较小，网壳的整体刚度较大；在越过 A 点后荷载-位移曲线的斜率变小，即结构的整体刚度变小，变形也开始加大；直到到达 C 点，其间增大微量荷载都会引起节点竖向位移的大幅增加；跃过 C 点以后结构的承载能力不再增加，达到承载能力的极限，认为此时结构已经失稳，结构进入网壳局部失稳中的点失稳。将 C 点所对应的纵

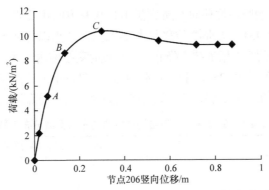

图 4.10　全跨均布雪荷载下单层柱面网壳结构的荷载-位移曲线

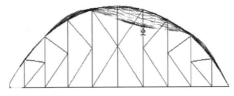

(a) A 点时刻网壳结构的变形图

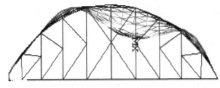

(b) B 点时刻网壳结构的变形图

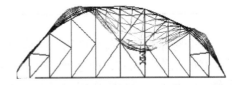

(c) C 点时刻网壳结构的变形图

图 4.11　全跨作用均布雪荷载下单层柱面网壳结构的变形图

坐标的荷载值称为极值点。在这种工况组合下结构的稳定承载力为 10.40kN/m²。此时对应的节点最大竖向位移为 0.3m，超过了网壳规范设计中规定的最大挠度 L/400。稳定承载力 10.40kN/m² 是设计荷载(1.264kN/m²)的 8.23 倍，安全系数大于规范规定的安全系数，满足稳定性要求。

2. 单层柱面网壳结构全跨作用非均布雪荷载

分析全跨非均布荷载作用下单层柱面网壳结构的受力性能，同样参照 GB 50009—2012《建筑结构荷载规范》[7]规定，采用拱形屋面雪荷载分布系数计算非均布雪荷载(表 4.2)。

选取最大位移节点 108 的荷载-位移曲线如图 4.12 所示，分别选取荷载-位移曲线上的三个不同荷载点 A、B、C 表示不同受力阶段网壳结构的变形过程。由图可知在三个荷载点 A、B、C 结构所承受的荷载以及此时结构中最大位移点的竖向位移。单层柱面网壳结构在全跨非均布雪荷载作用下，首先在屋面雪荷载分布系数为 2.0 的半跨出现微小变形；随着荷载的逐渐加大，节点 108 的竖向位移不断加大，但处于另外半跨的一些节点的竖向位移向着同节点 108 位移方向相反的方向增加，可明显看到网壳的凸起(图 4.13)。从荷载-位移曲线分析，在 C 点以前结构处于稳定状态，结构的整体刚度随着荷载的增加缓慢降低；在 C 点时刻结构达到承载能力极限，此时的节点 108 的最大位移为 0.225m，稳定承载力为 7.173kN/m²；C 点以后结构承载能力降低，但是竖向位移在不断扩展，此时结构已经失稳，进入局部失稳中的节点失稳。

表 4.2　单层柱面网壳结构全跨非均布雪荷载分布系数

类别	屋面形式及雪荷载分布系数μ_r
拱形屋面	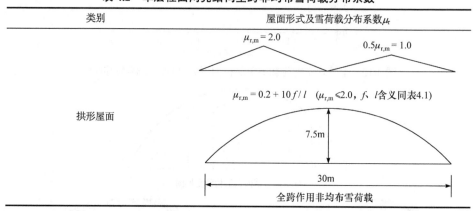

在全跨非均布雪荷载作用下结构的稳定承载力为 7.173kN/m²，与网壳结构设计荷载的比值为 5.67，即这种工况下的安全系数为 5.67，大于规范规定的 2，满足稳定性要求。与全跨作用均布雪荷载的稳定承载力相比，全跨作用非均布雪荷载的稳定承载力下降了 31.0%。

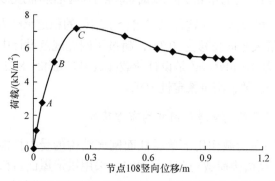

图 4.12　全跨作用非均布雪荷载下单层柱面网壳结构的荷载-位移曲线

(a) A 点时刻网壳结构的变形图

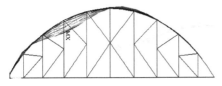
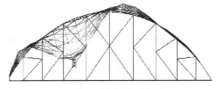

(b) *B*点时刻网壳结构的变形图　　　　　(c) *C*点时刻网壳结构的变形图

图 4.13　全跨作用非均布雪荷载下单层柱面网壳结构变形图

3. 单层柱面网壳结构半跨作用均布雪荷载

在半跨雪荷载作用下的雪荷载分布位置及分布系数见表 4.3。

表 4.3　单层柱面网壳结构半跨均布雪荷载分布系数

类别	屋面形式及雪荷载分布系数μ_{r}
拱形屋面	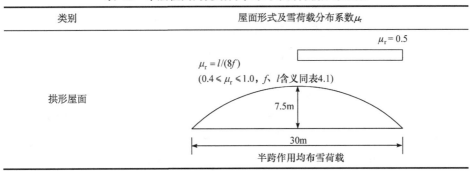

图 4.14 为最大位移节点 157 的荷载-位移曲线，图 4.15 为不同时刻点单层柱面网壳结构在半跨均布雪荷载下的变形图。可以看出，在 *A* 点之前曲线斜率基本不变；*A* 点之后 *B* 点之前曲线出现弯曲，其斜率不断减小，即刚度在不断变弱，但是相对于 *BC* 段的刚度还是较大的；在 *C* 点时刻结构达到了承载能力极限，随后结构荷载下降，但是位移还在不断加大。因此，选择 *C* 点对应的荷载作为这种工况下的稳定承载力，对应的位移作为失稳时的最大位移。与前面全跨作用均布雪荷载和全跨作用非均布雪荷载的结构屈曲全过程曲线相比，半跨作用均布雪荷载工况下，柱面网壳达到稳定承载力时结构的位移大幅度增加，这是由于在荷载到达 *B* 点以后，结构的刚度变小很多，在荷载增加较小时，位移增加比较迅速。在这种工况作用下，结构变形首先从Ⅱ区中心偏有荷载作用一侧开始，即节点 157 附近，并且随着荷载的增加变形逐渐增大；在临近中心位置的另外一侧逐渐突起，变形明显。

当结构达到承载能力极限时，它所对应的稳定承载力为 4.229kN/m²，节点位移为 0.337m。在半跨作用均布雪荷载的工况下，计算得出结构的安全系数为 3.35。在前三种工况中安全系数最低，与全跨作用均布雪荷载的稳定承载力相比下降了 59.3%。

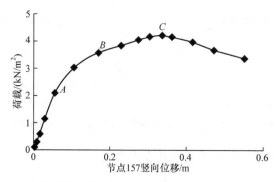

图 4.14　半跨作用均布雪荷载下单层柱面网壳结构的荷载-位移曲线

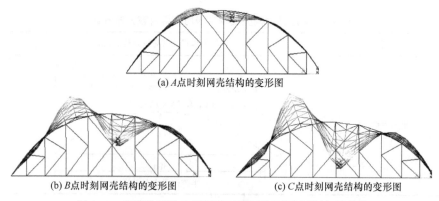

图 4.15　半跨作用均布雪荷载下单层柱面网壳结构变形图

4. 单层柱面网壳结构半跨作用非均布雪荷载

除 GB 50009—2012《建筑结构荷载规范》[7]中规定需要考虑的 3 种工况外，本节还研究分析了半跨非均布雪荷载作用下单层柱面网壳结构的稳定性能，介绍了屋面雪荷载分布系数较大的半跨作用雪荷载的情况，经过计算对比，分布系数较小的一侧作用雪荷载时所得的稳定承载力较大。研究目的是得出这几种工况作用的最不利情况，故只列出这两种工况最不利情况的一种。基本思路是根据 GB 50009—2012《建筑结构荷载规范》[7]中的屋面雪荷载分布系数的计算方法计算得出较大的雪荷载分布系数，将另外半跨的系数人为地定为 0，此时所得的工况即为半跨作用非均布雪荷载，具体的屋面雪荷载分布系数见表 4.4。

数值分析表明，最大位移出现在节点 223 上。在半跨非均布雪荷载作用下网壳结构的变形首先出现在屋面雪荷载分布系数最大的一纵列，且位于Ⅱ区中间位置节点 223 附近。随着荷载的不断增加，网壳结构的竖向变形越来越明显，选取失稳前 A 点时刻的变形图，失稳前网壳结构变形微小，此时最大的竖向位移为 0.087m；但在失稳时 C 点时刻网壳结构最大位移点的竖向位移可达 0.353m，此时就可以明显地看到网壳结构往下陷。随着节点 223 附近节点的凹陷，在另外半跨的节点出现了凸起。

表 4.4　单层柱面网壳结构半跨非均布雪荷载分布系数

类别	屋面形式及雪荷载分布系数 μ_r
拱形屋面	$\mu_{r,m} = 2.0$ $\mu_{r,m} = 0.2 + 10f/l$　（$\mu_{r,m} < 2.0$，f、l 含义同表4.1） 7.5m 30m 半跨作用非均布雪荷载

从节点 223 的荷载-位移曲线(图 4.16)来看，在 A 点之前基本为直线，其刚度较大；在 A、B 点之间斜率变小，这就意味着网壳刚度随着荷载的作用逐渐减弱；B、C 点之间曲线的斜率减小得更加迅速，即刚度变化加快，到达 C 时刻时结构的荷载承载能力达到了极限，将 C 点取为极值点，其对应的横坐标为 0.353m，纵坐标为 3.472kN/m²。C 点之后结构开始失稳，网壳的变形更大，失稳区也随之增大。从失稳的整个过程可以看出，结构的失稳从节点失稳开始再进入局域失稳，最后整体结构失稳(图 4.17)。

在半跨非均布雪荷载作用下结构的稳定承载力为 3.472kN/m²，与网壳结构的设计荷载的比值为 2.75，即此种工况下的安全系数为 2.75，大于规范规定的 2，满足稳定性要求。与全跨作用均布雪荷载的稳定承载力相比下降了 66.6%。与半跨作用均布雪荷载的稳定承载力相比下降了 17.9%，同时在失稳时，结构的变形均较大，达到了 0.353m。

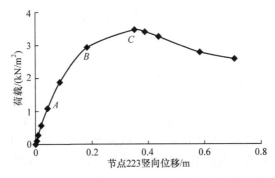

图 4.16　半跨作用非均布雪荷载下单层柱面网壳结构的荷载-位移曲线

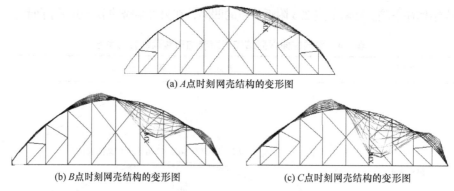

(a) A 点时刻网壳结构的变形图

(b) B 点时刻网壳结构的变形图　　　　　　(c) C 点时刻网壳结构的变形图

图 4.17　半跨作用非均布雪荷载下单层柱面网壳结构变形图

5. 单层柱面网壳的 I 区、III 区半跨作用非均布雪荷载

为更好地了解结构在各种工况下的非线性静力稳定性的响应，将柱面网壳结构沿纵向分为三个区域，在三个区域进行排列组合，然后在其上施加不同情况的雪荷载，这样可得到多种工况组合，但是出于现实情况只详细研究计算两种情况。分析计算了在 I、III 区作用非均布雪荷载，而在 II 区不作用雪荷载时网壳结构的非线性静力稳定性。在现实的受力情况中有时确实会出现一个网壳结构屋面后有两栋高楼分别耸立在 I、III 区，而 II 区位置无遮挡物，在飞雪天气由于风致雪漂移在 II 区雪都被吹掉，而 I、III 区的积雪还在，或由于 II 区无遮挡物，雪后在阳光照射下而融化，而 I、III 区的积雪仍然存在的现象。分析计算这种工况下结构的安全系数，再与前几种工况进行对比，得出最不利工况。根据 GB 50009—2012《建筑结构荷载规范》[7]中规定的关于拱形屋面受非均布雪荷载时给出的雪荷载分布系数公式来考虑。在计算出所对应的雪荷载分布系数后，将非均布的雪荷载作用在 I、III 区。

选取三个时刻的侧面变形图，以便表达出结构不同受力阶段的变形过程，如图 4.18 和图 4.19 所示。A 点时刻结构处于稳定状态，变形微小；随着荷载的增加，网壳的变形也增大，但是在这一段时间里位移增加量较小，直到越过 B 点后，随着荷载的增大位移迅速增大，到达 C 点以后结构的承载能力不再增大，而位移一直不断加大，C 点称为临界点。变形图中的各个时刻所对应的最大位移值以及此时结构所承受的荷载均可在荷载-位移曲线中找到对应的值。由图 4.20 可知，失稳时最大位移节点 111 所在的位置，与屋面雪荷载分布系数对应，节点 111 所在列的雪荷载分布系数最大，即这一列受到的荷载最大，且其位置最靠近中间区域。

在这种工况下失稳时的最大位移为 0.306m，结构的稳定承载力为 3.404kN/m²，与结构半跨作用非均布雪荷载时的稳定承载力 3.472kN/m² 相差不大。与网壳结构所取的设计荷载相比，安全系数为 2.69，大于规范规定的 2，满足稳定性要求。

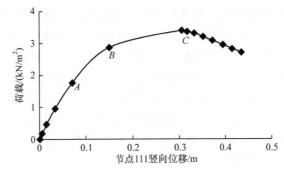

图 4.18　Ⅰ、Ⅲ区半跨作用非均布雪荷载下单层柱面网壳结构的荷载-位移曲线

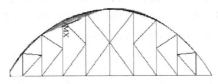

(a) A点时刻网壳结构的变形图

(b) B点时刻网壳结构的变形图

(c) C点时刻网壳结构的变形图

图 4.19　Ⅰ、Ⅲ区半跨作用非均布雪荷载下单层柱面网壳结构的变形图

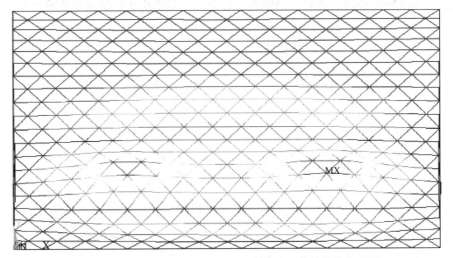

图 4.20　单层柱面网壳结构 C 点时刻对应整体结构的变形图

6. 单层柱面网壳结构的Ⅱ区半跨作用非均布雪荷载

分析非均布雪荷载局部作用在单层柱面网壳结构中间半跨时结构的稳定性，

选取在网壳结构的Ⅱ区作用半跨非均布雪荷载的情况。这种情况在现实的设计中也是容易出现的,在以网壳为屋盖的建筑后有另外一栋结构,但是其宽度只有网壳宽度的 1/3,位置处于Ⅱ区位置,在风的作用下,Ⅰ、Ⅲ区的雪被吹掉,但Ⅱ区有建筑的阻挡吹掉得较少,这样就引起了Ⅰ、Ⅲ区基本没有雪荷载作用,但Ⅱ区雪荷载仍然存在;或由于Ⅰ、Ⅲ区无遮挡物,雪后在阳光照射下而融化,而Ⅱ区的积雪仍然存在。对于非均布雪荷载的作用情况还是参考 GB 50009—2012《建筑结构荷载规范》[7]中给出的拱形屋面的雪荷载分布系数公式计算,将非均布雪荷载施加在Ⅱ区半跨结构上。

由节点 124 的荷载-位移曲线(图 4.21)可知,在结构失稳之前,随着荷载的加大,结构刚度逐渐降低,但相对于非均布雪荷载作用在半跨及Ⅰ、Ⅲ区半跨的情况,结构的刚度随雪荷载的增加降低的幅度较小。越过 C 点以后结构的承载能力下降,说明结构在 C 点达到结构的承载能力极限。结构此时已经出现了节点失稳的现象,随着荷载继续作用下网壳结构逐步出现局部失稳,直到最后结构整体失稳,如图 4.22 和图 4.23 所示。

在Ⅱ区半跨作用非均布雪荷载的工况下,稳定承载力为 C 点对应的纵坐标值 2.729kN/m²,失稳时的最大节点位移为 0.233m。稳定承载力与荷载标准值的比值为 2.16,大于规范所规定的安全系数,满足稳定性要求。但是这种情况的安全系数相对其他几种工况是最低的,相对于半跨作用非均布雪荷载的情况,稳定承载力下降了 21.4%,且失稳时结构的最大位移远小于前述其他两种半跨非均布雪荷载作用失稳时的最大位移,说明在这种情况下结构的失稳破坏更具突然性。

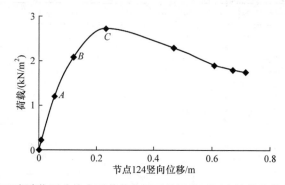

图 4.21　Ⅱ区半跨作用非均布雪荷载作用下单层柱面网壳结构的荷载-位移曲线

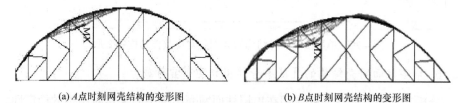

(a) A 点时刻网壳结构的变形图　　　　　　　(b) B 点时刻网壳结构的变形图

(c) C 点时刻网壳结构的变形图

图 4.22 Ⅱ区半跨作用非均布雪荷载作用下单层柱面网壳结构的变形图

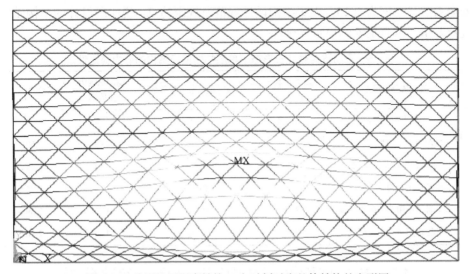

图 4.23 单层柱面网壳结构 C 点时刻对应整体结构的变形图

7. 结果对比分析

为了便于比较，将上述 6 种不同雪荷载分布下单层柱面网壳结构的稳定承载力及失稳时的最大位移汇总于表 4.5。其中承载力比值为不同工况下网壳的稳定承载力与全跨作用均布雪荷载下网壳的稳定极限承载力之比。由表可知，不同雪荷载分布下三向网格单层柱面网壳结构的稳定性能如下：

(1) 非均布雪荷载作用在柱面网壳结构中间部位半跨(Ⅱ区半跨)时，结构的稳定性能最差，稳定承载力最小。与全跨作用均布雪荷载下的稳定承载力相比，降低了 73.8%。与半跨作用非均布雪荷载的情况相比，稳定承载力下降了 21.4%。而且失稳时结构的最大节点位移最小，破坏更具突然性。在所分析的几种工况中，柱面网壳中间部位半跨作用非均布雪荷载是最不利的雪荷载分布。

(2) 在全跨作用雪荷载情况下，网壳在非均布雪荷载作用时的稳定承载力较均布雪荷载作用时下降了 31.1%。在半跨作用雪荷载情况下，网壳在非均布雪荷载作用时的稳定承载力较均布雪荷载作用时下降了 17.9%。这说明在相同位置作用非均布雪荷载比作用均布雪荷载结构的稳定承载力要低。

(3) 雪荷载作用位置的不同对网壳结构的稳定性有不同程度的影响。同样是均布雪荷载作用，半跨均布雪荷载作用下结构的稳定承载力比全跨均布雪荷载作用时降低了 59.3%。非均布情况下，半跨雪荷载作用下结构的稳定承载力比全跨雪荷载作用时降低了 51.6%。这说明同样雪荷载作用下，雪荷载作用在柱面网壳结构半跨更为不利。

(4) 在永久荷载与不同分布的雪荷载组合作用下，三向型单层柱面网壳结构安全系数最小值为 2.16，大于结构设计规范所规定的 2，说明所设计的结构满足规范要求，具有足够的稳定安全性。

表 4.5　不同雪荷载分布形态下单层柱面网壳结构的静力稳定性

雪荷载分布形态	稳定承载力/(kN/m²)	失稳时最大节点位移/m	稳定承载力比值/%	安全系数λ
全跨作用均布雪荷载	10.400	0.300	100	8.23
全跨作用非均布雪荷载	7.173	0.225	68.9	5.67
半跨作用均布雪荷载	4.229	0.337	40.7	3.35
半跨作用非均布雪荷载	3.472	0.353	33.4	2.75
Ⅰ、Ⅲ区作用非均布雪荷载	3.404	0.306	32.7	2.69
Ⅱ区作用非均布雪荷载	2.729	0.233	26.2	2.16

4.2　单层球面网壳结构模型及倒塌参数分析

4.2.1　单层球面网壳结构模型

1. 结构选型

选取 K8 型单层球面网壳结构作为拱形屋面进行分析设计，主要采取周边支承，下部与混凝土结构连接，共有 40 个支承点。网壳跨度为 40m，矢高为10m，钢材材质均为 Q235。假定选址为河北省保定市，网壳设计中荷载取值、地理条件等均需要按保定地区选取。单层球面网壳结构分析中考虑到结构几何不变体系的因素，一般将节点、杆件分别假定为刚性连接和梁单元。采用通用有限元分析软件计算时，采用梁单元模拟杆件。网壳采用周边支承，固定于底座上。实际工程也可能存在接近铰支座的情况，如当下部支承结构刚度不足或者采用带有适当转动的支座构造时。本节计算分析中假定为支座固接，约束三向角位移和线位移。

2. 结构荷载及工况组合

在结构设计中，所考虑荷载包括结构自重、屋面恒载、屋面活载、雪荷载、地震力作用等。具体荷载取值为屋面恒载 0.3kN/m² 和屋面活载 0.5kN/m²。地震作用按 8 度地震区(保定地区抗震设防烈度为 7 度，但鉴于本结构的重要性将结构设防烈度提高一级)，场地类别为Ⅲ类；结构设计基准年限为 50 年。工况组合：1.2 静载+1.4 活载。

3. 杆件与球节点配置

在该网壳结构的分析中，构件选用 Q235 钢材，弹性模量 $E = 206$GPa，泊松比 $\nu = 0.3$，密度 $\rho = 7850$kg/m³。杆件截面尺寸选用工程中常用尺寸的圆钢管，对计算模型进行备置优化后杆件截面选取 3 种截面尺寸：ϕ60mm × 3.5mm、ϕ89mm × 4mm 和 ϕ119mm × 4mm，按截面增大的顺序排列为 1、2 和 3 号截面。配杆按径向杆较大截面进行选择。

4.2.2 单层球面网壳结构雪荷载分布方案

用空间结构设计软件对 4.2.1 节网壳稳定性能进行分析。该网壳的跨度为 40m，矢高为 10m，主体为 K8 型单层球面网壳结构，钢材材质均为 Q235。网壳结构从中心点沿径向分为 8 个扇区，再沿环向划分 5 环，中心向四周依次编号第 1 环～第 5 环，节点数为 121，杆件数为 320，图 4.24 为节点编号。

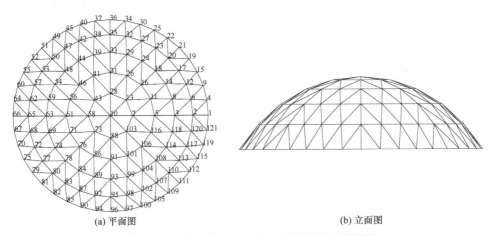

(a) 平面图　　　　　　　　　　　(b) 立面图

图 4.24　单层球面网壳结构的网格划分及节点编号

网壳结构多设计为不上人屋面，结构上的恒载较小，不对称非均布荷载如风、雪荷载对网壳结构稳定性有较大影响。在实际工程中，许多网壳结构的失稳就是遇到了非均布的雪荷载，因此在网壳设计中需要考虑多种荷载组合。尤其对单层球面网壳结构来说，结构设计往往由稳定性控制，荷载的非均匀分布对结构的稳定性影响程度需要深入研究。为确定单层球面网壳的最不利雪荷载分布形态，选取如下 6 种荷载工况。

(1) 全跨作用均布雪荷载。

(2) 全跨作用非均布雪荷载。

(3) 半跨作用均布雪荷载。

(4) 半跨作用非均布雪荷载。

(5) 最外两环全跨作用非均布雪荷载。

(6) 最外两环半跨作用非均布雪荷载。

4.2.3 单层球面网壳结构倒塌参数分析

1. 全跨作用均布雪荷载

研究 K8 型单层球面网壳结构在全跨均布雪荷载作用下的稳定性能，通过对网壳结构的静力稳定响应全过程进行分析，完整了解结构在加载过程中强度、刚度及稳定性的变化历程，并且合理确定结构的稳定承载力。图 4.25 为网壳结构在整个加载过程中节点 10、13、14、29 的荷载-位移曲线。全跨均布荷载作用下结构发生屈曲，在此选取最大位移节点 13 的荷载-位移曲线进行分析。为了清晰地表达出网壳结构的变形情况，选取并绘制网壳结构在不同受力阶段的结构变形图，如处于临界荷载之前的结构变形图，以加载时刻 A 表示此时结构所处的

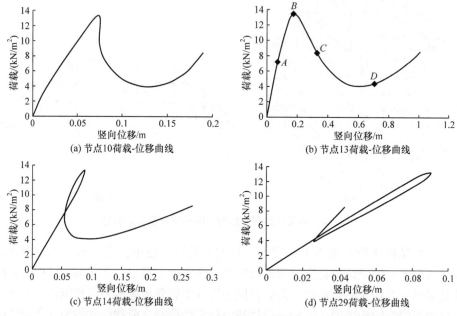

图 4.25　全跨均布雪荷载作用下单层球面网壳结构的荷载-位移曲线

稳定状态，由节点 13 荷载-位移曲线中的 A 点可得此时的结构荷载数值以及相对应节点 13 的竖向位移。同理，绘制了网壳结构在上、下临界荷载和结构在极限承载力之后的变形图，以加载时刻 B、C、D 表示此时结构所处的稳定状态，而由节点荷载-位移曲线中的 B、C、D 点可得相应时刻的结构荷载以及此时的节点竖向位移。将结构变形后的剖面也绘制出来，竖向变形做了适当放大，并将其与加载前的结构形状进行了对比。

施加荷载较小时，网壳变形很小；当荷载逐步加到上临界荷载 13.51kN/m² 时对应该节点竖向位移达到 0.207m，结构开始发生失稳(B 点时刻)，相对应的变形模态如图 4.26 所示，属于网壳结构局部失稳，失稳后结构的刚度矩阵是非正定矩阵，荷载-位移曲线进入下降段。当该节点的竖向位移达到 0.638m 时，对应的下临界荷载为 4.04kN/m²，网壳结构的变形更大，并且失稳区也随之增大(D 点时刻)。由结构变形图可以看出，荷载作用于网壳全跨，结构发生失稳后从中心开始第二环斜杆所连节点率先发生失稳，并随着荷载的增大逐步形成局部凹陷。

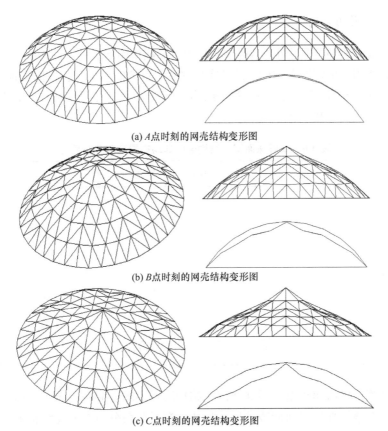

(a) A 点时刻的网壳结构变形图

(b) B 点时刻的网壳结构变形图

(c) C 点时刻的网壳结构变形图

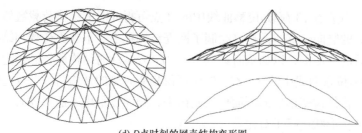

(d) D 点时刻的网壳结构变形图

图 4.26 全跨均布雪荷载作用下单层球面网壳结构的变形图

从荷载-位移曲线来看，当曲面到达第一个极限点时，节点 13 位移已明显超过了结构设计的允许限值 $L/400$。因而在实际设计中最关心的是第一个上限点的荷载数值(上临界荷载)，使其作为结构的极限荷载。例如，在该网壳结构全跨作用均布荷载后的极限荷载为 13.51kN/m^2，其与荷载标准值的比值即安全系数 $\lambda = 8.49$，大于规范所规定的安全系数。

2. 全跨作用非均布雪荷载

研究 K8 型单层球面网壳结构在非均布雪荷载作用下的稳定性情况。对于非均布雪荷载作用在全跨网壳结构上的分布形式，为贴合实际工程，根据 GB 50009—2012《建筑结构荷载规范》[7]中关于拱形屋面受非均布雪荷载时给出的雪荷载分布系数公式进行考虑，见表 4.6。

表 4.6 单层球面网壳结构全跨非均布雪荷载分布系数

类别	屋面形式及雪荷载分布系数 μ_r
拱形屋面	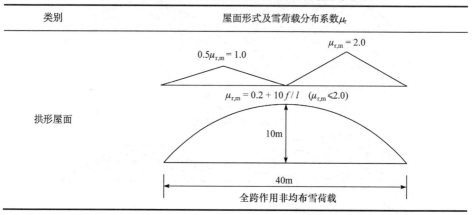

在计算出模型 K8 型单层球面网壳结构所对应的雪荷载分布系数后，按照雪荷载分布系数线性地以面荷载的形式将非均布雪荷载分布在网壳结构上，再将面荷载等效地转化到各个节点上，进行非线性静力稳定分析。选取最大位移节点

23，以及其周围节点 22、24 和中心节点 10 的荷载-位移曲线如图 4.27 所示。选取结构失稳时最大位移节点 23 的荷载-位移曲线进行分析研究。为了清晰地表达出结构的变形过程，网壳结构在不同受力阶段的结构变形如图 4.28 所示。以加载时刻 A 表示此时结构所处的稳定状态，由节点 23 荷载-位移曲线中的 A 点可得此时的结构稳定承载力以及相对应的节点 23 竖向位移。同理，绘制了网壳结构在上、下临界荷载和结构在临界荷载之后的变形，如图 4.28(b)～(d)所示。以加载时刻 B、C、D 表示此时结构所处的稳定状态，而由节点荷载-位移曲线中的 B、C、D 点可得相应时刻的结构稳定承载力以及此时刻的节点竖向位移。将结构变形后的剖面也绘制出来，竖向变形做了适当放大，并将其与加载前的结构形状进行对比。

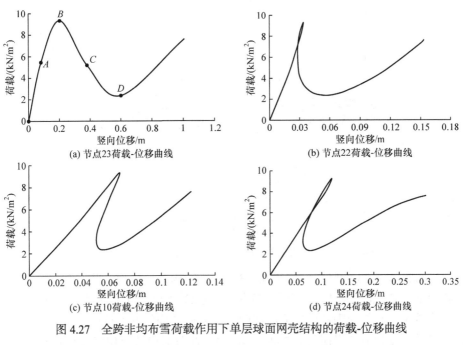

图 4.27　全跨非均布雪荷载作用下单层球面网壳结构的荷载-位移曲线

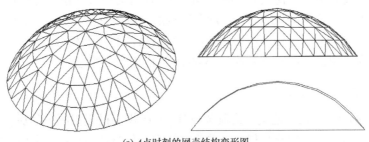

(a) A 点时刻的网壳结构变形图

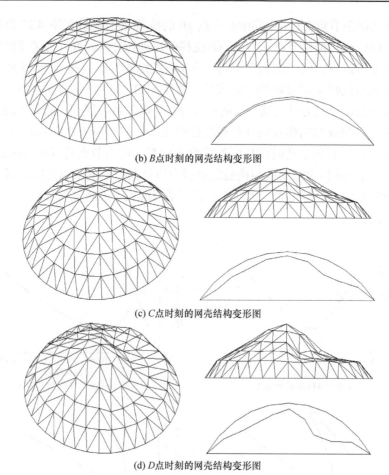

(b) B 点时刻的网壳结构变形图

(c) C 点时刻的网壳结构变形图

(d) D 点时刻的网壳结构变形图

图 4.28　全跨非均布雪荷载作用下单层球面网壳结构变形图

当网壳节点 23 的竖向位移达 0.193m 时，结构开始失稳，此时对应的上临界荷载为 9.43kN/m²。从中心算起第二环的节点 23 和与之以 x 轴对称的节点 13 竖向位移最大，并与周围杆件形成局部凹陷。之后结构的变形持续增大并且承载力有所降低，直到下临界荷载为 2.49kN/m² 时，此时对应节点位移是 0.589m，网壳的变形更大，失稳区也随之增大。随后结构的承载力逐渐上升，但是结构变形进一步扩大。在该网壳结构全跨作用非均布荷载后的稳定承载力为 9.43kN/m²，其与荷载标准值的比值即安全系数 $\lambda = 5.89$，大于规范所规定的安全系数。

3. 半跨作用均匀分布雪荷载

GB 50009—2012《建筑结构荷载规范》[7]中规定拱壳屋面应分别按全跨雪荷载的均匀分布、不均匀分布和半跨雪荷载的均匀分布最不利情况采用。按照规范对拱形屋面的规定，分析研究网壳结构上作用半跨均布雪荷载的情况。进行半跨均布雪荷载模拟时，按照规范相关规定以面荷载的形式将雪荷载均匀分布在网壳结构上，再将面荷载等效转化到各个节点上，进行几何非线性静力稳定分析。关于拱形屋面半跨作用均布雪荷载的形式，见表 4.7。

表 4.7　单层球面网壳半跨均布雪荷载分布系数

类别	屋面形式及雪荷载分布系数 μ_r
拱形屋面	$\mu_r=1.0$ 10m 40m 半跨作用均布雪荷载

网壳结构竖向最大位移节点 3 及周围节点 1、4 和 14 的荷载-位移曲线如图 4.29 所示。选取结构失稳时最大位移节点 3 的荷载-位移曲线进行详细分析。为了清晰地表达出网壳结构的变形情况，网壳结构在不同受力阶段的结构变形如图 4.30 所示。以加载时刻 A 表示此时结构所处的稳定状态，由节点 3 荷载-位移曲线中的 A 点可得此时的结构承载力以及相对应的节点 3 竖向位移。同理，绘制了网壳结构在上、下临界荷载和结构在临界荷载之后的变形，如图 4.30(b)～(d)所

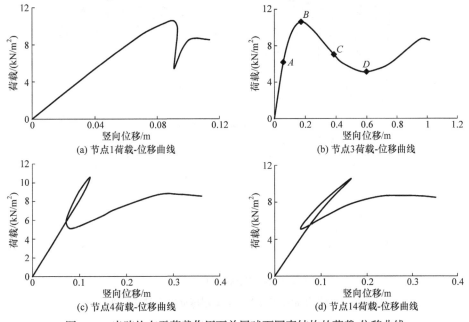

图 4.29　半跨均布雪荷载作用下单层球面网壳结构的荷载-位移曲线

示。以加载时刻 B、C、D 表示此时结构所处的稳定状态，而由节点荷载-位移曲线中的 B、C、D 点可得相应时刻的结构承载力以及此时刻的节点竖向位移。将结构变形后的剖面也绘制出来，竖向变形做了适当放大，并将其与加载前的结构形状进行对比。

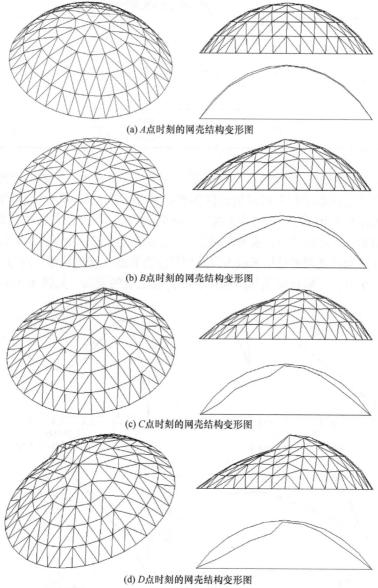

(a) A 点时刻的网壳结构变形图

(b) B 点时刻的网壳结构变形图

(c) C 点时刻的网壳结构变形图

(d) D 点时刻的网壳结构变形图

图 4.30　半跨均布雪荷载作用下单层球面网壳结构的变形图

网壳结构在半跨均布雪荷载作用下主要产生竖向位移,横向位移较小,当作用荷载较小时网壳结构变形微弱。当网壳结构节点 3 的竖向位移达 0.183m 时,结构开始失稳,此时对应的上临界荷载为 10.73kN/m²。之后结构的变形随之增大并且承载力有所降低直到下临界荷载为 4.96kN/m² 时,此时对应节点竖向位移是 0.615m,网壳结构的变形更大,失稳区也扩大;之后结构的承载力有所回升,但结构变形进一步扩大。由网壳结构到达上临界荷载时对应的变形图可见,模拟雪荷载均匀作用于网壳结构半跨,结构发生失稳后从中心开始的第一环节点 3 和节点 7 位移持续增大,并随着荷载的增大逐步形成对称的局部凹陷。在该网壳结构半跨作用均布荷载后极限荷载为 10.73kN/m²,其与荷载标准值的比值即安全系数 $\lambda = 6.70$,大于规范所规定的安全系数。

4. 半跨作用非均布雪荷载

研究在网壳结构上作用半跨非均布雪荷载情况下结构的非线性稳定性。对于非均布雪荷载分布形式,根据 GB 50009—2012《建筑结构荷载规范》[7]中关于拱形屋面受非均布雪荷载时给出的雪荷载分布系数公式来考虑。在计算 K8 型单层球面网壳结构所对应的雪荷载分布系数后,以面荷载的形式将非均布雪荷载作用在网壳的半跨结构上,再将面荷载等效地转化到各个节点上,进行几何非线性静力稳定分析。为了更明显地体现雪荷载分布的非均匀性,在此选取规范中对拱形屋面右半跨给出的雪荷载分布系数进行分析,见表 4.8。

表 4.8　单层球面网壳结构半跨非均布雪荷载分布系数

类别	屋面形式及雪荷载分布系数μ_r
拱形屋面	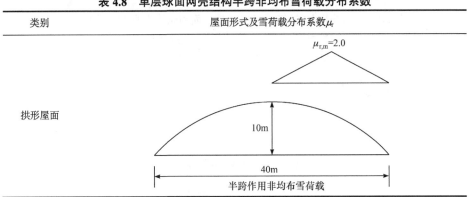

在此选取绘制最大位移节点 14 及其周围节点 15、32 和 33 的荷载-位移曲线,如图 4.31 所示。分析网壳结构在半跨作用非均布雪荷载情况下的位移和变形,在此选取结构失稳时最大位移节点 14 的荷载-位移曲线进行分析说明。为了清晰地表达出网壳结构的变形情况,选取并绘制了网壳结构不同受力阶段的变形,如图 4.32 所示。以加载时刻 A 表示此时结构所处的稳定状态,由节点 14 荷载-位移曲线中的 A

点可得此时的结构承载力以及相对应的节点 14 竖向位移。同理，绘制了网壳结构在上、下临界荷载和结构在临界荷载之后的变形，如图 4.32(b)～(d)所示。以加载时刻 B、C、D 表示此时结构所处的稳定状态，而由节点荷载-位移曲线中的 B、C、D 点可得相应时刻的结构承载力以及此时刻的节点竖向位移值。将结构变形后的剖面也绘制出来，并将其与加载前的结构形状进行对比。

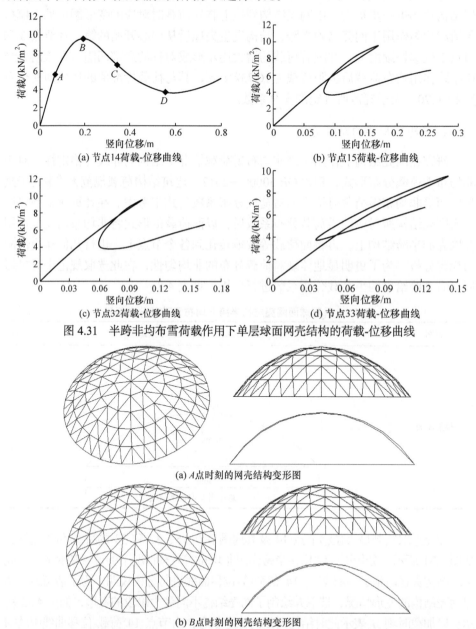

(a) 节点14荷载-位移曲线

(b) 节点15荷载-位移曲线

(c) 节点32荷载-位移曲线

(d) 节点33荷载-位移曲线

图 4.31 半跨非均布雪荷载作用下单层球面网壳结构的荷载-位移曲线

(a) A点时刻的网壳结构变形图

(b) B点时刻的网壳结构变形图

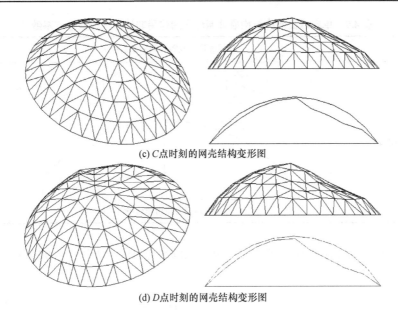

(c) C点时刻的网壳结构变形图

(d) D点时刻的网壳结构变形图

图 4.32　半跨非均布雪荷载作用下单层球面网壳结构的变形图

当节点 14 的竖向位移达 0.187m 时，结构开始失稳，此时对应的上临界荷载为 9.62kN/m²，之后结构的变形也随之增大并且承载力有所降低直到下临界荷载为 3.85kN/m² 时，此时对应节点位移是 0.571m，网壳结构的变形更大，失稳区也随之增大；随后结构的承载力有所回升，但是结构变形进一步扩大。由网壳结构到达上临界荷载时对应的变形图如图 4.32(b)所示：模拟雪荷载非均布作用于网壳结构半跨，结构发生失稳后从中心开始的第二环节点 14 和节点 22 位移持续增大，且节点 19 和节点 17 也产生了明显的竖向位移，并随着荷载的增大逐步形成对称的局部凹陷。在该网壳结构半跨非均布雪荷载作用下的极限荷载为 9.62kN/m²，其与荷载标准值的比值即安全系数$\lambda=$6.01，大于规范所规定的安全系数。

5. 最外两环全跨作用非均布雪荷载

文献的研究结果表明，当网壳结构的最外两环作用雪荷载时，结构的稳定承载力最小。对网壳结构最外两环全跨作用非均布雪荷载时的稳定性能进行分析。根据 GB 50009—2012《建筑结构荷载规范》[7]中关于拱形屋面受非均布雪荷载时给出的雪荷载分布系数公式来考虑。在计算模型 K8 型单层球面网壳结构所对应的雪荷载分布系数后，以面荷载的形式将非均布雪荷载作用在网壳的最外两环上，再将面荷载等效地转化到各个节点上，进行几何非线性静力稳定分析，见表 4.9。

表 4.9   单层球面网壳结构最外两环全跨作用非均布雪荷载分布系数

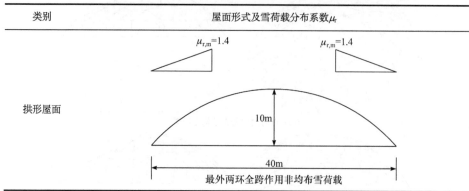

类别	屋面形式及雪荷载分布系数 μ_r
拱形屋面	

在此选取绘制最大位移节点 36 及其周围节点 16、17 和 64 的荷载-位移曲线，如图 4.33 所示。

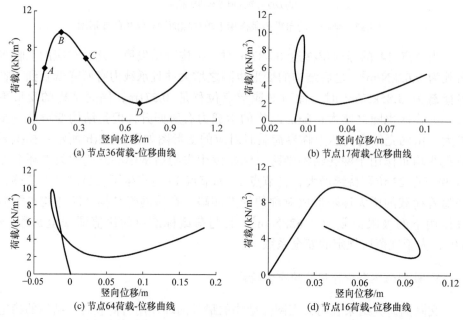

图 4.33   最外两环全跨非均布雪荷载作用下单层球面网壳结构的荷载-位移曲线

分析网壳结构在最外两环全跨作用非均布雪荷载情况下的位移和变形，选取结构失稳时最大位移节点 36 的荷载-位移曲线进行分析研究。为了清晰地表达出网壳的变形情况，绘制了网壳在某一阶段荷载作用下的结构变形图，如处于临界荷载之前的结构变形如图 4.34(a)所示。以加载时刻 A 表示此时结构所处的稳定状态，由节点 36 荷载-位移曲线中的 A 点可得此时的结构承载力以及相对应的节点

36 竖向位移。同理，绘制了网壳结构在上、下临界荷载和结构在临界荷载之后的变形，如图 4.34(b)～(d)所示。以加载时刻 B、C、D 表示此时结构所处的稳定状态，而由节点荷载-位移曲线中的 B、C、D 点可得相应时刻的结构承载力以及此时刻的节点竖向位移值。将结构变形后的剖面也绘制出来，竖向变形做了适当放大，并将其与加载前的结构形状进行对比。

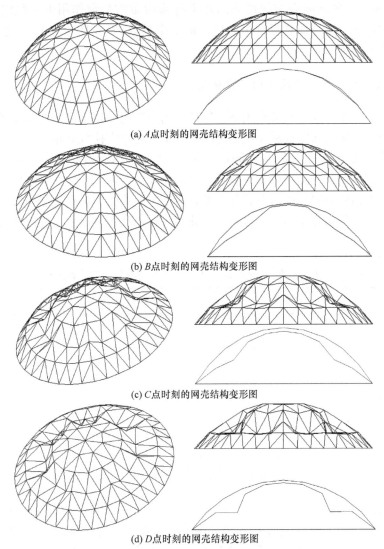

(a) A 点时刻的网壳结构变形图

(b) B 点时刻的网壳结构变形图

(c) C 点时刻的网壳结构变形图

(d) D 点时刻的网壳结构变形图

图 4.34　最外两环全跨非均布雪荷载作用下单层球面网壳的变形图

网壳结构在竖向荷载作用下主要产生竖向位移，横向位移较小。当作用荷载较小时网壳结构变形很小，如图 4.34(a)所示。当作用于网壳结构的承载力达到9.77kN/m²时网壳结构开始屈曲，网壳结构的失稳点发生在最外两环斜向杆的节点上，此时网壳结构节点36处的竖向位移达到0.189m，网壳结构的上临界荷载为9.77kN/m²，如图4.34(b)所示。随后网壳结构的失稳区域逐渐扩大，而网壳结构的变形也进一步扩大。当网壳结构的承载力下降到2.01kN/m²时，节点36的竖向位移达到0.732m。随后网壳结构的变形进一步扩大直到网壳结构塌陷。在该网壳结构最外两环全跨非均布雪荷载作用下的稳定承载力为9.77kN/m²，其与荷载标准值的比值即安全系数$\lambda = 6.10 > 4.2$，大于规范所规定的安全系数。

6. 最外两环半跨作用非均布雪荷载

研究非均布雪荷载局部作用下单层球面网壳结构的稳定性，选取在网壳结构最外两环半跨非均布雪荷载作用的情况。对于非均布雪荷载分布形式，为贴合实际雪荷载分布形态，根据GB 50009—2012《建筑结构荷载规范》[7]中关于拱形屋面受非均布雪荷载时给出的雪荷载分布系数公式来考虑。在计算出模型K8型单层球面网壳结构所对应的雪荷载分布系数后，以面荷载的形式按非均布雪荷载分布在网壳的最外两环半跨上，再将面荷载等效转化到各节点上，进行非线性静力稳定分析，见表4.10。

表 4.10　单层球面网壳结构最外两环半跨作用非均布雪荷载分布系数

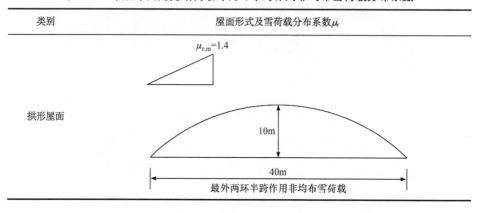

类别	屋面形式及雪荷载分布系数μ_r
拱形屋面	$\mu_{r,m}=1.4$ 10m 40m 最外两环半跨作用非均布雪荷载

选取绘制最大位移节点64及其周围节点36、37和63的荷载-位移曲线，如图4.35所示。分析网壳结构在最外两环半跨作用非均布雪荷载下的位移和变形，在此选取结构失稳时最大位移节点64的荷载-位移曲线进行说明。为了便于清晰地表达出网壳结构的变形情况，网壳结构在不同受力阶段下的结构变形如图4.36所示。以加载时刻A表示此时结构所处的稳定状态，由节点64的荷载-位移曲线中A点可得此时的结构承载力以及相对应的竖向位移。同理，绘制

了网壳结构在上、下临界荷载和结构在临界荷载之后的变形，如图 4.36(b)～(d) 所示。以加载时刻 B、C、D 表示此时结构所处的稳定状态，而由节点荷载-位移曲线中的 B、C、D 点可得相应时刻的结构承载力以及此时刻的节点竖向位移。将结构变形后的剖面也绘制出来，竖向变形做了适当放大，并将其与加载前的结构形状进行对比。

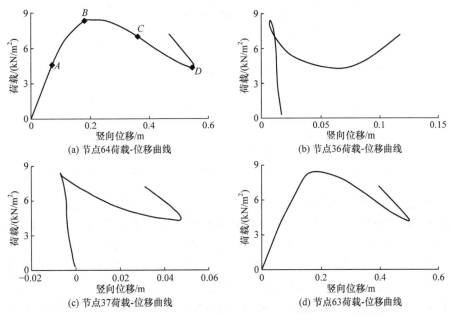

图 4.35　最外两环半跨非均布雪荷载作用下单层球面网壳结构的荷载-位移曲线

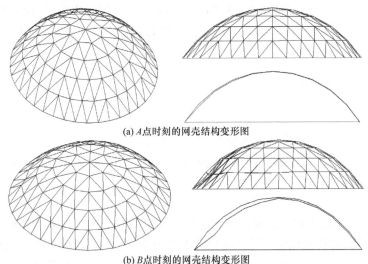

(a) A 点时刻的网壳结构变形图

(b) B 点时刻的网壳结构变形图

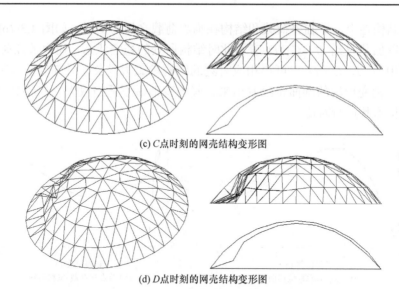

(c) C 点时刻的网壳结构变形图

(d) D 点时刻的网壳结构变形图

图 4.36　最外两环半跨非均布雪荷载作用下单层球面网壳结构的变形图

网壳结构在竖向荷载作用下主要产生竖向位移，横向位移较小。当作用荷载较小时，网壳结构变形微弱。当作用于网壳结构的承载力达到 8.47kN/m² 时，网壳结构的失稳点发生在最外两环斜向杆的节点上，此时网壳结构节点 64 处的竖向位移达到 0.210m，网壳结构的上临界荷载为 8.47kN/m²，结构变形如图 4.36(a)所示。随后网壳结构的失稳区域逐渐扩大，而网壳结构的变形也进一步扩大。当网壳结构的承载力下降到 4.18kN/m² 时，节点 64 的竖向位移达到 0.563m，其变形情况如图 4.36(c)所示。随后结构的承载力有所回升，但是结构变形进一步扩大。在该网壳结构最外两环半跨模拟作用非均布雪荷载后计算所得稳定承载力为8.47kN/m²，其与荷载标准值的比值即安全系数 $\lambda = 5.28$，大于规范所规定的安全系数。

7. 结果对比分析

不同雪荷载分布下网壳结构的稳定承载力见表 4.11。由表可知，不同雪荷载分布下 K8 型单层球面网壳结构的稳定性能如下。

(1) 结构最外两环半跨非均布雪荷载作用时，结构的稳定承载力最小。与全跨均布雪荷载作用时的稳定承载力相比，降低了 37.3%；与半跨作用均布雪荷载时的稳定承载力相比，降低了 21.1%。

(2) 在雪荷载作用位置相同时，考虑雪荷载沿网壳径向的非均布情况，与作用均布雪荷载的情况相比，结构的稳定承载力均有不同程度的下降，三种情况下降的百分比分别为 30.2%、10.3%和 13.3%。这说明在分析单层网壳结构的静力稳定性能时，不仅需要考虑雪荷载在网壳结构投影平面上的不均匀分布，还需要考虑沿结构径向雪荷载的不均匀分布的影响。

(3) 在永久荷载与不同分布的雪荷载组合作用下，K8 型单层球面网壳结构安全系数最小值为 5.28，大于规范所规定的安全系数，并且设计荷载均小于不同工况下所分析的稳定下临界荷载。这说明所设计的结构满足规范要求，具有足够的稳定安全性。

表 4.11　不同雪荷载分布形态下单层球面网壳的静力稳定性

雪荷载分布形态	稳定承载力/(kN/m²)	失稳时最大节点位移/m	安全系数λ
全跨作用均布雪荷载	13.51	0.207	8.49
全跨作用非均布雪荷载	9.43	0.589	5.89
半跨作用均布雪荷载	10.73	0.183	6.70
半跨作用非均布雪荷载	9.62	0.187	6.01
最外两环全跨作用非均布雪荷载	9.77	0.189	6.10
最外两环半跨作用非均布雪荷载	8.47	0.210	5.28

4.3　本 章 小 结

利用非线性有限单元法对三向网格单层柱面网壳结构和 K8 型单层球面网壳结构进行了不同雪荷载分布形态下的稳定性能分析，分析过程中考虑了各种不同雪荷载分布下对单层网壳结构稳定承载力的影响。综上所述，得出了单层网壳结构在不同雪荷载分布下稳定性能的结论。

(1) 单层柱面网壳结构最不利的雪荷载分布是其结构中部半跨作用非均布雪荷载。单层柱面网壳结构非均布雪荷载作用在结构中间部位半跨(Ⅱ区半跨)较全跨作用均布雪荷载作用下的稳定承载力降低了 73.8%。与半跨作用非均布雪荷载的情况相比，降低了 21.4%。而且失稳时结构的最大节点位移最小，破坏更具突然性。

(2) 单层柱面网壳结构相同位置作用非均布雪荷载比作用均布雪荷载时的稳定承载力要低。在全跨雪荷载作用下，在非均布雪荷载作用时较均布雪荷载作用时网壳结构的稳定承载力下降了 31.1%。在半跨作用雪荷载的情况下，在非均布雪荷载作用时较均布雪荷载作用时网壳结构的稳定承载力下降了 17.9%。这说明雪荷载非均布作用在网壳结构时对其稳定承载力更为不利。

(3) 雪荷载作用位置的不同对单层柱面网壳结构的稳定性有不同程度的影

响。均布雪荷载作用下，半跨作用均布雪荷载时比全跨作用均布雪荷载时网壳结构的稳定性承载力降低了 59.3%。非均布情况下，半跨作用雪荷载时比全跨作用雪荷载时结构的稳定承载力降低了 51.6%。

(4) 单层球面网壳结构最不利的雪荷载分布是其结构最外两环半跨作用非均布雪荷载。最外两环半跨作用非均布雪荷载时与全跨作用均布雪荷载时网壳结构的稳定承载力相比，降低了 37.3%；与半跨作用均布雪荷载时网壳结构的稳定承载力相比，降低了 21.15%。

(5) 在进行单层球面网壳结构的静力稳定性能分析时，不仅需要考虑雪荷载在网壳结构投影平面上的不均匀分布，还需要考虑沿结构径向雪荷载不均匀分布的影响。在雪荷载作用位置相同时，考虑雪荷载沿网壳结构径向的不均匀分布情况，结构的稳定承载力均有不同程度的下降，三种情况下降的百分比分别为 30.2%、10.3% 和 13.3%。

参 考 文 献

[1] 王猛, 王军林, 李红梅, 等. 不同雪荷载分布形式下弦支穹顶结构稳定性研究[J]. 河北农业大学学报, 2020, 43(4): 112-115, 120.

[2] 王军林, 赵淑丽, 马腾飞, 等. 单层柱面网壳结构雪荷载分布位置敏感性分析[J]. 河北农业大学学报, 2019, 42(4): 138-143.

[3] 王军林, 李红梅, 任小强, 等. 不对称及非均匀雪荷载下单层球面网壳结构的稳定性研究[J]. 空间结构, 2016, 22(4): 17-22.

[4] 王猛. 风雪荷载作用下弦支网壳稳定性分析[D]. 保定: 河北农业大学, 2019.

[5] 王爱兰. 单层柱面网壳的设计和最不利雪荷载分布研究[D]. 保定: 河北农业大学, 2015.

[6] 李媛. 雪荷载作用下单层球面网壳的设计和稳定性研究[D]. 保定: 河北农业大学, 2014.

[7] 中华人民共和国住房和城乡建设部. GB 50009—2012　建筑结构荷载规范[S]. 北京: 中国建筑工业出版社, 2012.

第5章　风荷载下网壳结构动力响应及倒塌分析

基于自回归模型(auto regressive model，AR 模型)理论，采用 MATLAB 程序实现了随机脉动风时程的数值模拟，依据结构受力特点将风速时程转换为施加在结构上的各节点速度压力，利用空间非线性有限元理论，运用通用有限元分析程序 ANSYS 对单层网壳结构进行风振系数参数影响分析和风致弹塑性动力失效破坏研究，以期为该类结构抗风设计工作提供一定的参考和指导，具有一定的理论价值和现实意义[1-7]。

5.1　风荷载特性及数值模拟

5.1.1　风荷载特性

风是由于太阳对地球上大气加热的不均匀性所引起的空气与地面的相对运动，大气中热力和动力现象的时空不均匀性，使相同高度上的两点之间形成压力差，不同压力差的地区产生了趋于平衡的空气流动，这就形成了风。根据大量近地面实测的风速记录可以看出，在自然风的顺风向时程记录曲线中，瞬态风包含两种成分：一种是长周期部分，其值常在 10min 以上；另一种是短周期部分，其值只有几秒左右。根据上述两种风荷载的特性，通常把自然风分为平均风(即稳定风)和脉动风(即阵风脉动)(图 5.1)。平均风 $\bar{v}$ 是在给定的时间内，将风对结构作用力的大小、方向等因素都看作与时间无关的量。考虑到风的长周期一般远大于结构自振周期，其作用性质是确定的、静力的。脉动风 $v(t)$ 是由风的不规则性引

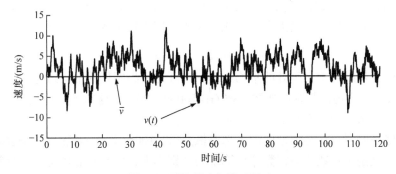

图 5.1　平均风速与脉动风速

起的，大小和方向随时间按统计规律随机变化。由于它的周期较短，其作用性质是不确定的、动力的。风对结构的作用可以看作平均风静力作用和脉动风动力作用的叠加。

1. 平均风特性

气流经过地表的摩擦对空气的水平运动产生阻力，从而使气流速度减缓，该阻力作用随气流高度的增加而减弱，当达到某一高度后，就可以忽略这种地面摩擦的影响，气流将沿等压线以梯度风速流动，该高度称为大气边界层高度或梯度风高度。大量气象统计资料表明，大气边界层风场中平均风速随高度的升高而增大，当达到梯度风高度后便不再增大，同时对应于不同的地面粗糙度具有不同的变化规律。平均风是近地风的一个主要统计特征，微气象学研究往往采用平均风剖面来描述大气边界层中风速沿高度的变化规律，平均风剖面主要以基本风速和地面粗糙度指数为影响因素。基本风速是指某地区气象观察站通过风速仪的大量观察、采集，并按照相关规定的标准地面粗糙度类别、标准高度及重现期、平均风时距和平均风概率分布类型等参数进行统计分析而得到该地区的最大平均风速。平均风剖面的描述主要有对数律和指数律。

1) 对数律

平均风剖面是微气象学研究风速变化的一种主要形式。安利普按边界层理论提出的对数分布律，表达式如下：

$$\bar{v}(z') = \bar{v}^* \ln(z'/z_0)/\kappa \tag{5.1}$$

式中，$\bar{v}(z')$ 为大气边界层内高度 z' 处的平均风速；$\bar{v}^*$ 为摩擦速度或流动剪切速度；κ 为卡门(Karman)常数，取 0.40；z_0 为地面粗糙长度；z' 为有效高度，$z' = z - z_d$，z 为离地高度，z_d 为零平均位移。

2) 指数律

在较早的时期，对于水平均匀地形的平均风速轮廓线一直采用 1916 年 Hellman 提出的指数分布律，后由 Davenport 根据多次观测资料整理出不同场地下的风剖面，并提出平均风沿高度变化的规律可用指数函数表述如下：

$$\bar{v}(z)/\bar{v}_b = (z/z_b)^k \tag{5.2}$$

式中，$\bar{v}_b$ 为标准参考高度处的平均风速；$\bar{v}(z)$ 为某高度处的平均风速；z_b 为标准参考高度；k 为地面粗糙度指数，按 GB 50009—2012《建筑结构荷载规范》[8]规定采用；其余符号意义同上。

虽然一些资料认为近地面的下部摩擦层(如 100m 以下)对数律更符合风速实测资料，但是用对数律与指数律计算结果差别不大，而且指数律更便于计算，国内外都倾向于采用指数律来描述风速沿高度的变化规律，我国规范采用的就是指数律的风剖面。

2. 脉动风特性

通过对大量风速实测记录的样本时程进行统计分析可知，脉动风速时程为具有明显各态历经性零均值的高斯平稳随机过程。脉动风可以采用大气湍流的两个主要特征湍流强度和湍流积分尺度进行描述，或者根据脉动风的两个主要概率特性脉动风速谱和相干函数进行描述。谱密度函数表示紊流风随机过程在频域内关于振幅的统计信息。

1) 湍流强度

湍流强度是描述大气湍流最简单的参数。风速仪记录的统计信息表明，脉动风速均方根 $\sigma_{\mathrm{vf}}(z)$ 与平均风速 $\overline{v}(z)$ 成比例，因此定义某一高度 z 的顺风向湍流强度 $I(z)$ 为

$$I(z) = \sigma_{\mathrm{vf}}(z) / \overline{v}(z) \tag{5.3}$$

式中，$I(z)$ 为高度 z 处的湍流强度；$\sigma_{\mathrm{vf}}(z)$ 为顺风向脉动风均方根值；$\overline{v}(z)$ 为高度 z 处的平均风速。

湍流强度 $I(z)$ 是地面粗糙度类别和高度 z 的函数，而与风的长周期无关。$\sigma_{\mathrm{vf}}(z)$ 随高度 z 的增大而减小，而平均风速则随高度 z 的增大而增大，故 $I(z)$ 随高度的增大而减小。

2) 湍流积分尺度

湍流积分尺度又称为紊流长度尺度 L。通过某一点气流中的速度脉动，可以认为是由平均风运输的一些理想旋涡叠加而引起的，若定义旋涡的波长是旋涡大小的度量，则湍流积分尺度就是气流中湍流旋涡平均尺寸的度量。从数学角度上可定义湍流积分尺度如下：

$$L = \int_0^\infty R_{v_1 v_2}(r)\mathrm{d}r / \sigma_v^2 \tag{5.4}$$

式中，$R_{v_1 v_2}(r)$ 为两个顺风向速度分量 $v_1(x_1, y_1, z_1, t)$ 和 $v_2(x_2, y_2, z_2, t)$ 的互相关函数；σ_v 为 v_1 和 v_2 的均方根值。

3) 脉动风速谱

脉动风速谱是应用随机振动理论进行计算的基本资料，它反映了风速按频率的分布情况。许多风工程专家对风速谱进行研究分析，得到不同形式的风速谱表达式，其中应用最广的是 Davenport 谱。简要介绍以下几种风速谱。

(1) 1961 年 Davenport 脉动风速谱。

Davenport 根据世界上不同地点、不同高度测得的 90 多次强风记录，并假定水平阵风谱中的湍流积分尺度 L 与高度无关，建立了水平脉动风速谱的数学经验

公式：

$$\frac{S_v(f)}{\overline{v}^2(10)} = \frac{4kx^2}{f(1+x^2)^{\frac{4}{3}}} \tag{5.5}$$

$$x = \frac{1200f}{\overline{v}(10)} \tag{5.6}$$

式中，$S_v(f)$ 为脉动风速谱；f 为脉动风频率；其余符号意义同前。

(2) 1948 年 Karman 脉动风速谱。

$$S_v(z,f) = \frac{24xu_*^2}{f(1+70.8x^2)^{\frac{5}{6}}} \tag{5.7}$$

$$L = 100\left(\frac{z}{30}\right)^{\frac{1}{2}} \tag{5.8}$$

$$x = \frac{Lf}{\overline{v}(z)} \tag{5.9}$$

式中，u_* 为摩擦速度或剪切速度；$\overline{v}(z)$ 为高度 z 处的平均风速；其余符号意义同前。

(3) 1967 年 Shiotani、Hino 脉动风速谱。

$$S_v(z,f) = \frac{6k_1kx\overline{v}_{10}^2}{(1+x^2)^{\frac{5}{6}}} \tag{5.10}$$

$$x = \frac{5344.341k^{\frac{3}{\alpha}}f(z/10)^{1-4\alpha}}{\alpha^3\overline{v}(10)} \tag{5.11}$$

式中，$k_1 = 0.4751$；α 为经验系数；其余符号意义同前。

(4) 1972 年 Kaimal 脉动风速谱。

$$S_v(f) = \frac{200xu_*^2}{f(1+50x)^{\frac{5}{3}}} \tag{5.12}$$

$$u_* = \frac{\kappa\overline{v}(10)}{\ln\left(\dfrac{10}{z_0}\right)} \tag{5.13}$$

$$x = \frac{zf}{\overline{v}_z} \tag{5.14}$$

式中，符号意义同前。

(5) 1987 年 Solari 脉动风速谱。

$$S_v(z,f) = \frac{24xu_*^2}{f(1+70.8x^2)^{\frac{5}{6}}} \tag{5.15}$$

$$L = 300\left(\frac{z}{300}\right)^{0.46+0.074\ln z_0} \tag{5.16}$$

$$x = \frac{Lf}{\overline{v}(z)} \tag{5.17}$$

式中，符号意义同前。

(6) 1968 年 Harris 脉动风速谱。

$$x = \frac{1800f}{\overline{v}(10)} \tag{5.18}$$

$$S_v(f) = \frac{4xu_*^2}{f(2+x^2)^{\frac{5}{6}}} \tag{5.19}$$

式中，符号意义同前。

(7) 1959 年 Panofsky 竖向风速谱。

$$S_v(f) = \frac{6kx\overline{v}^2(10)}{f(1+4x)^2} \tag{5.20}$$

$$x = \frac{zf}{\overline{v}(10)} \tag{5.21}$$

式中，符号意义同前。

4) 脉动风的空间相关性

当结构上某点 a 的脉动风压达到最大值时，与 a 点距离为 l 的 b 点的脉动风压一般不会同时达到最大值。在一定的范围内，离开 a 点越远，脉动风压同时达到最大值的可能性越小，这种性质称为脉动风的空间相关性。

由于空间网格结构平面、侧面和立面均具有较大的尺寸，不同节点脉动风速时程需要考虑空间三个方向的相关性，Davenport 建议的相干函数表达式如下：

$$r_{ij}(f) = \exp\left\{\frac{-2f\sqrt{C_x^2(x_i-x_j)^2 + C_y^2(y_i-y_j)^2 + C_z^2(z_i-z_j)^2}}{[\overline{v}(z_i)+\overline{v}(z_j)]}\right\} \tag{5.22}$$

式中，C_x 为空间任意两点左右衰减系数，通过试验或实测确定；C_y 为空间任意两点上下衰减系数，通过试验或实测确定；C_z 为空间任意两点前后衰减系数，通过试验或实测确定；$\overline{v}(z_i)$ 为第 i 点的平均风速；$\overline{v}(z_j)$ 为第 j 点的平均风速；$(x_i,$

y_i, z_i)为空间 i 点的三维坐标，$i = 1, \cdots, M$；(x_j, y_j, z_j) 为空间 j 点的三维坐标，$j = 1, \cdots, M$。

5.1.2　风荷载数值模拟

脉动风是由风的紊流引起的，通常采用风洞试验和现场实测确定，但这两种方法都很复杂，耗时耗资巨大，且仅针对特定的工程结构，同时已有的空间风场的观测记录资料有限，很难满足工程计算的要求，因此对具有空间相关性的风场进行数值模拟显得十分重要。风荷载的人工模拟方法中，正交分解法和蒙特卡罗法应用比较普遍，正交分解法在结构整体分析中收敛效果要优于局部分析，蒙特卡罗法的计算效率仅与模拟点数量有关而与其他因素无关。常用的谐波叠加法和线性滤波法均为基于蒙特卡罗思想模拟平稳高斯随机过程的方法。谐波叠加法(harmony superposition method)是用一系列具有随机频率的余弦函数序列加权叠加来模拟随机过程的，运算量大，生成周期长，运算效率低且不能很好地考虑风场空间相关性。线性滤波法即白噪声滤波法(white noise filtration method)，是将人工生成的均值为零的白噪声随机系列通过滤波器，使其输出为具有指定谱特征的平稳随机过程。线性滤波法中的 AR 模型因其计算量小、计算速度快而广泛应用于随机振动分析。

基于 MATLAB 平台，运用 AR 模型理论采用 Davenport 脉动风速谱和 Davenport 相干函数，模拟具有时空相关性的随机性风速时程。风速观测记录表明，瞬时风速包含两种成分：周期在 10min 以上的平均风和周期在几秒钟的脉动风。故作用于结构上某点坐标为 (x, y, z) 的风速 $U(X, Y, Z, t)$ 可以表达为平均风速 $\bar{v}(z)$ 和脉动风速 $V(X, Y, Z, t)$ 之和，即

$$U(X, Y, Z, t) = \bar{v}(z) + V(X, Y, Z, t) \qquad (5.23)$$

平均风速沿高度变化的规律可用指数函数来描述，即

$$\bar{v}(z) = \bar{v}(10) \left(\frac{z}{10} \right)^k \qquad (5.24)$$

式中，符号意义同前。

平均风速在给定的时间间隔内风力大小、方向等与时间无关；脉动风则随时间和空间随机地变化，是结构振动的主要原因，工程中常常将其作为具有零均值的各态历经的高斯随机过程来处理。为满足空间网格结构风振分析的精度要求，对脉动风数值模拟做如下假定。

(1) 任意一点处平均风速与时间无关。

(2) 脉动风时程是零均值平稳随机过程。

(3) 脉动风时程具有时空相关性。

空间网格结构常用矢跨比较小，节点坐标竖向高度变化不大，故可采用 Davenport 脉动风速谱：

$$\frac{S_{ij}(f)}{\overline{v}^2(10)} = \frac{4kx^2}{f^2(1+x^2)^{\frac{3}{4}}} \tag{5.25}$$

$$x = \frac{1200f}{\overline{v}(10)} \tag{5.26}$$

式中，$S_{ij}(f)$ 在 $i=j$ 时为脉动风速自谱密度函数；$i \neq j$ 时为脉动风速互谱密度函数，可由自谱密度函数 $S_{ii}(f)$ 和相干函数 $r_{ij}(f)$ 确定，$i=1,\cdots,M$，$j=1,\cdots,M$，M 为所模拟模型的节点数。

$$S_{ij}(f) = \sqrt{S_{ii}(f)S_{jj}(f)} \times r_{ij}(f) \tag{5.27}$$

脉动风速时程的空间相关特性通过相干函数 $r_{ij}(f)$ 来体现，具体表达式见式(5.22)。

M 个点空间相关脉动风速时程 $V(X,Y,Z,t)$ 列向量的 AR 模型可表示为

$$V(X,Y,Z,t) = -\sum_{k=1}^{p} \boldsymbol{\psi}_k V(X,Y,Z,t-k\Delta t) + N(t) \tag{5.28}$$

式中，$X=[x_1,\cdots,x_M]^{\mathrm{T}}$；$Y=[y_1,\cdots,y_M]^{\mathrm{T}}$；$Z=[z_1,\cdots,z_M]^{\mathrm{T}}$，$(x_i,y_i,z_i)$ 为空间第 i 点坐标，$i=1,\cdots,M$；p 为 AR 模型阶数；Δt 为模拟风速时程的时间步长；$\boldsymbol{\psi}_k$ 为 AR 模型自回归系数矩阵，为 $M \times M$ 方阵，$k=1,\cdots,p$；$N(t)$ 为独立随机过程向量：

$$N(t) = \boldsymbol{L} \times \boldsymbol{n}(t) \tag{5.29}$$

$$\boldsymbol{n}(t) = [n_1(t),\cdots,n_M(t)]^{\mathrm{T}} \tag{5.30}$$

式中，$n_i(t)$ 为均值为 0、方差为 1 且彼此相互独立的正态随机过程，$i=1,\cdots,M$；$\boldsymbol{L}$ 为 M 阶下三角矩阵，通过 $M \times M$ 协方差矩阵 $\boldsymbol{R}_{\mathrm{N}}$ 的 Cholesky 分解确定：

$$\boldsymbol{R}_{\mathrm{N}} = \boldsymbol{L} \times \boldsymbol{L}^{\mathrm{T}} \tag{5.31}$$

由平稳随机过程的性质可得自回归模型的正则方程：

$$\boldsymbol{R} \times \boldsymbol{\psi} = \begin{bmatrix} \boldsymbol{R}_{\mathrm{N}} \\ \boldsymbol{O}_p \end{bmatrix} \tag{5.32}$$

$$\boldsymbol{R}_{\mathrm{N}} = \boldsymbol{R}(0) + \sum_{k=1}^{p} \boldsymbol{\psi}_k \boldsymbol{R}(k\Delta t) \tag{5.33}$$

$$\boldsymbol{\psi} = \left[\boldsymbol{I}, \boldsymbol{\psi}_1, \cdots, \boldsymbol{\psi}_p \right]^{\mathrm{T}} \tag{5.34}$$

式中，$\boldsymbol{\psi}$ 为 $(p+1)M \times M$ 矩阵；$\boldsymbol{I}$ 为 M 阶单位阵；$\boldsymbol{O}_p$ 为 $pM \times M$ 矩阵，其元素均为 0；$\boldsymbol{R}$ 为 $(p+1)M \times (p+1)M$ 自相关 Toeplitz 矩阵，具体形式如下：

$$\boldsymbol{R} = \begin{bmatrix} \boldsymbol{R}_{11}(0) & \boldsymbol{R}_{12}(\Delta t) & \boldsymbol{R}_{13}(2\Delta t) & \cdots & \boldsymbol{R}_{1(p+1)}(p\Delta t) \\ \boldsymbol{R}_{21}(\Delta t) & \boldsymbol{R}_{22}(0) & \boldsymbol{R}_{23}(\Delta t) & \cdots & \boldsymbol{R}_{2(p+1)}\left[(p-1)\Delta t\right] \\ \boldsymbol{R}_{31}(2\Delta t) & \boldsymbol{R}_{32}(\Delta t) & \boldsymbol{R}_{33}(0) & \cdots & \boldsymbol{R}_{3(p+1)}\left[(p-2)\Delta t\right] \\ \vdots & \vdots & \vdots & & \vdots \\ \boldsymbol{R}_{(p+1)1}(p\Delta t) & \boldsymbol{R}_{(p+1)2}\left[(p-1)\Delta t\right] & \boldsymbol{R}_{(p+1)3}\left[(p-2)\Delta t\right] & \cdots & \boldsymbol{R}_{(p+1)(p+1)}(0) \end{bmatrix}$$

$$\tag{5.35}$$

式中，自相关矩阵 $\boldsymbol{R}_{ij}(m\Delta t)$ 是 $M \times M$ 方阵，$i = 1, \cdots, p+1$，$j = 1, \cdots, p+1$，$m = 0, \cdots, p$，可由 Wiener-Khintchine 公式确定：

$$\boldsymbol{R}_{ij}(\tau) = \int_0^\infty S_{ij}(f) \cos(2\pi f \times \tau) \mathrm{d}f \tag{5.36}$$

由脉动风速自谱密度函数 $S_{ii}(f)$ 和相干函数 $r_{ij}(f)$ 确定 $S_{ij}(f)$ 后，代入式(5.32) 和式(5.35)，可分别解出 AR 模型自回归系数矩阵 $\boldsymbol{\psi}_k$ 和协方差矩阵 $\boldsymbol{R}_N$。然后由式(5.29)和式(5.31)求出 $\boldsymbol{N}(t)$，代入式(5.28)即可得到 M 个具有时空相关性的离散脉动风速时程，再结合式(5.23)和式(5.24)，即得到空间各节点的风速时程。

5.2　单层球面网壳结构风振系数及其参数分析

5.2.1　单层球面网壳结构计算模型

1. 网壳结构基本设计参数

K6 型单层球面网壳结构的跨度为 40m，矢跨比为 0.25，矢高为 10m。设计基本荷载组合为 1.2 静载+1.4 活载，其中静载为 0.3kN/m²，活载为 0.5kN/m²。约束为周边固定铰支座，支承高度为 10m，B 类地貌。采用空间结构分析设计软件进行结构的初步设计，配置杆件和球节点。网壳杆件全部采用 ϕ89mm × 4mm 的 Q235 无缝钢管，节点全部采用 WS280mm × 6mm 的焊接空心球。网壳节点编号和单元编号分别如图 5.2 和图 5.3 所示。

对该单层球面网壳结构进行模态分析得到前三阶频率分别为 17.93Hz、17.93Hz 和 19.90Hz，其中一、二阶频率较为接近，所以取一、三阶频率计算结构的阻尼参数，其质量系数和刚度阻尼系数分别为 0.38、0.001057。

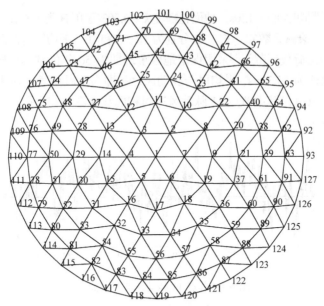

图 5.2　K6-6 单层球面网壳结构节点编号

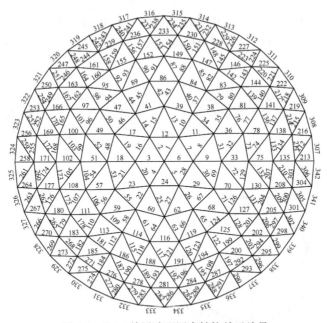

图 5.3　K6-6 单层球面网壳结构单元编号

2. 风速模拟

基于前述的 AR 模型理论，采用 MATLAB 进行脉动风模拟。风速时程模拟的主要参数如下：脉动风速谱类型为 Davenport 谱，AR 模型回归阶数 $p=4$，时间步

长 $\Delta t = 0.1\mathrm{s}$，模拟时间 $t = 120\mathrm{s}$，地面粗糙度 $k = 0.003$(采用 B 类地貌)，10m 高处的风速 $v_{10} = 30\mathrm{m/s}$，衰减系数 C_x、C_y、C_z 分别为 16、8 和 10。平均风速根据 GB 50009—2012《建筑结构荷载规范》[8]采用保定地区重现期为 50 年的基本风压 $0.4\mathrm{kN/m^2}$，对应的平均风速为 25.3m/s，平均风与脉动风之和即为总风荷载。AR 模型理论可模拟结构所有点风速，其中节点 11 脉动风速时程曲线如图 5.4 所示。

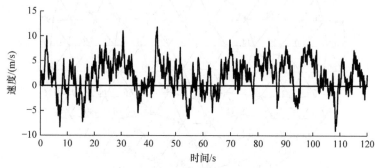

图 5.4　节点 11 脉动风速时程曲线

3. 风荷载体型系数

网壳结构风荷载体型系数可按现行标准 GB 50009—2012《建筑结构荷载规范》[8]中的规定选用，对于 K6 型单层球面网壳结构，采用旋转壳顶的风荷载体型系数，如图 5.5 所示。

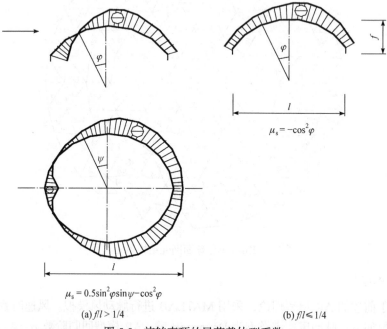

图 5.5　旋转壳顶的风荷载体型系数

4. 风压高度变化系数

对于平坦或稍有起伏的地形,风压高度变化系数应根据地面粗糙度类别确定。地面粗糙度可分为 A、B、C、D 四类：A 类指近海海面和海岛、海岸、湖岸及沙漠地区；B 类指田野、乡村、丛林、丘陵以及房屋比较稀疏的乡镇和城市郊区；C 类指有密集建筑群的城市市区；D 类指有密集建筑群且房屋较高的城市市区。风压高度变化系数列于表 5.1。

表 5.1　风压高度变化系数

地面粗糙程度	离地面或海平面不同高度处的风压高度变化系数													
	5m	10m	20m	30m	40m	50m	60m	70m	80m	90m	100m	200m	300m	400m
A	1.17	1.38	1.63	1.8	1.92	2.03	2.12	2.2	2.27	2.34	2.4	2.83	3.12	3.12
B	1.0	1.0	1.25	1.42	1.56	1.67	1.77	1.86	1.95	2.02	2.09	2.61	2.97	3.12
C	0.74	0.74	0.84	1.00	1.13	1.25	1.35	1.45	1.54	1.62	1.70	2.30	2.75	3.12
D	0.62	0.62	0.62	0.62	0.73	0.84	0.93	1.02	1.11	1.19	1.27	1.92	2.45	2.91

5. 风荷载计算

根据我国现行标准 GB 50009—2012《建筑结构荷载规范》[8],对于主要承重结构,风荷载标准值的表达有两种形式：一种是平均风压加上由脉动风引起的导致结构风致振动的等效风压力；另一种是平均风压乘以风振系数。在结构风振计算中,通常是第一振型起主要作用,我国采用后一种表达形式,即采用风振系数 β_z 综合考虑在风荷载作用下结构的静力和动力效应。

$$w_k = \beta_z \mu_s \mu_z w_0 \tag{5.37}$$

式中,w_k 为风荷载标准值；β_z 为 z 高度处的风振系数；μ_s 为风荷载体型系数；μ_z 为风压高度变化系数；w_0 为基本风压。

风荷载体型系数和风压高度变化系数是随着结构形式和高度的变化而变化的,其取值方法可参考现行标准 GB 50009—2012《建筑结构荷载规范》[8]。

6. 风速与风压关系

在实际观测中一般记录风速,在工程计算中通常使用风压,故需将风速转换为风压。风压与风速之间的关系可用伯努利方程表示为

$$w = -\frac{1}{2}\rho v^2(x) + c \tag{5.38}$$

式中,$v(x)$ 为流速；w 为某点流体压力；c 为常数；ρ 为流体密度。

普遍使用的风速风压关系式是

$$w = \frac{1}{2}\rho v^2 = \frac{1}{2}\frac{\gamma}{g}v^2 \tag{5.39}$$

式中，ρ 为空气密度；γ 为空气容重；g 为重力加速度；v 为风速。其中，风速 v 中包含平均风速 $\bar{v}$ 和脉动风速 $v(t)$，即 $v = \bar{v} + v(t)$，将其代入式(5.39)可得

$$w = \frac{1}{2}\rho v^2 = \frac{1}{2}\rho\left(\bar{v} + v(t)\right)^2 = \frac{1}{2}\rho\bar{v}^2 + \rho\bar{v}v(t) + \frac{1}{2}\rho(v(t))^2 \tag{5.40}$$

7. 风振系数

作用在结构上的风由平均风与脉动风组成，平均风可用静力方法进行分析计算；脉动风是随机的，是动力问题，必须引入随机振动的理论加以分析，这就使得工作量大大增加。为便于工程应用，我国现行标准 GB 50009—2012《建筑结构荷载规范》[8]采用风振系数来考虑脉动风效应的影响，等效静力风荷载用静力风荷载和风振系数的乘积表示。

风振系数是指风引起的结构最大响应与平均风引起的响应的比值，有两种表达形式：内力风振系数和位移风振系数。内力风振系数是指在平均风和脉动风共同作用下内力总和与平均风作用下内力的比值。风荷载内力由平均风和脉动风两部分引起的轴力组成，即

$$P_i(z) = P_{si}(z) + P_{Di}(z) \tag{5.41}$$

式中，$P_{si}(z)$ 为 z 高度处某单元的平均风荷载内力值；$P_{Di}(z)$ 为 z 高度处某单元脉动风荷载内力值。

通过风荷载内力总和 $P_i(z)$ 和平均风荷载内力值 $P_{si}(z)$ 的比值可得到符合我国现行标准 GB 50009—2012《建筑结构荷载规范》[8]规定的内力风振系数的表达式：

$$\beta_N(z) = \frac{P_i(z)}{P_{si}(z)} = \frac{P_{si}(z) + P_{Di}(z)}{P_{si}(z)} = 1 + \frac{P_{Di}(z)}{P_{si}(z)} \tag{5.42}$$

位移风振系数为节点在平均风和脉动风共同作用下位移总和与平均风作用下对应节点位移的比值：

$$\beta_D = \frac{U_i}{U_{si}} = \frac{U_{si} + U_{Di}}{U_{si}} = 1 + \frac{U_{Di}}{U_{si}} \tag{5.43}$$

式中，$U_{si} + U_{Di}$ 为在平均风和脉动风共同作用下的节点位移总和；U_{si} 为在平均风作用下对应的节点位移。

风振系数在结构风振分析中有非常重要的作用，反映了随机风荷载作用下结构的响应、振动幅度及分布规律等，也是将抗风分析与抗风设计联系起来的直接元素。在工程设计中通常使用静位移乘以风振系数来确定结构在风荷载作用下的总位移响应，因此确定结构风振系数对抗风设计具有重要意义。

8. 节点荷载转换

在网壳结构的有限元分析中，一般认为荷载加载在杆件的节点上进行计算，所以需要将风荷载转换为节点的集中荷载。将风压乘以节点的受荷面积即可得到该节点的集中荷载，综合考虑结构的风荷载体型系数和风压高度变化系数，则风荷载转换为节点集中荷载的表达式为

$$F = \mu_s \mu_z w A \tag{5.44}$$

式中，μ_s 为风荷载体型系数；μ_z 为风压高度变化系数；w 为风压值；A 为节点的有效受荷面积；F 为节点所受风荷载。

9. 风振系数计算公式讨论

风振系数是指各节点或各单元总风下最大响应和与之对应的平均风下响应的比值，它直观反映了随机风荷载下结构的动力响应特征、振动变化过程及响应分布状态等，是抗风分析与抗风设计之间的联系纽带。等效静力风荷载法的基本思想是，在工程设计中通常使用静位移乘以风振系数来确定结构在风荷载下的位移响应。基于结构风振响应的式(5.45)、式(5.46)和式(5.47)分别为计算结构风振系数常用的三种表达方式：

$$\begin{cases} \beta_{Di} = 1 + \mu \sigma_{Uwi} / |U_{di}| \\ \beta_{Ni} = 1 + \mu \sigma_{Fwi} / |F_{di}| \end{cases} \tag{5.45}$$

式中，β_{Di}、U_{di} 和 σ_{Uwi} 为节点 i 的位移风振系数、平均风下的位移和脉动风下的位移均方差；β_{Ni}、F_{di} 和 σ_{Fwi} 为各为单元 i 的内力风振系数、平均风下的内力和脉动风下的内力均方差；μ 为峰值因子，取值为 2.0～4.0。

$$\begin{cases} \beta_{Di} = 1 + \mu \sigma_{Uwi} / |U_{zi}| \\ \beta_{Fi} = 1 + \mu \sigma_{Fwi} / |F_{zi}| \end{cases} \tag{5.46}$$

式中，U_{zi} 和 F_{zi} 为节点 i 总风下的位移均值、单元 i 总风下的内力均值；其余符号的含义同式(5.45)。

$$\begin{cases} \beta_{Di} = 1 + U_{wi,m} / U_{di} \\ \beta_{Ni} = 1 + F_{wi,m} / F_{di} \end{cases} \tag{5.47}$$

式中，β_{Di}、$U_{wi,m}$ 为节点 i 的位移风振系数和脉动风下的位移最大值；β_{Ni}、$F_{wi,m}$ 为单元 i 的内力风振系数和脉动风下的内力最大值；其余符号的含义同前。

在计算结构各节点位移风振系数和单元内力风振系数时，采用式(5.45)计算风振系数，需要引入峰值因子，峰值因子的大小将直接影风振系数的大小，而峰值

因子的取值标准尚不统一；采用式(5.46)计算风振系数，较式(5.45)又另外引入了修正系数。采用式(5.47)计算风振系数，最为简单地反映了等效静风荷载法的基本思想，无须计算修正系数，也无须对各样本响应时程进行统计，同时直观地反映了设计中最为关心的动力与静力响应的最大比值。

在计算结构整体风振系数时，式(5.45)和式(5.46)需要再次进行统计分析。而在整个过程中，式(5.47)仅需一次统计分析就可得到结构的整体风振系数。故本节采用式(5.47)计算的风振系数来衡量结构风振响应特性。需要指出的是，位移和内力风振系数都不能单独地反映脉动部分对风荷载的影响，其原因是某区域的脉动效应相对于平均响应较大，造成该区域风振系数很大，但结构实际响应却很小，并非结构的控制响应。这些明显大于大多数点的数值的点称为风振系数奇点，它的存在是由其定义本身决定的，无实际意义。基于此，一般将大于5的位移和内力风振系数全部删除，余下均参照该方法进行分析。

5.2.2　单层球面网壳结构风振响应分析

风振系数是指风引起的结构最大响应与平均风引起的响应的比值，有两种表达形式：内力风振系数 β_N 和位移风振系数 β_D。内力风振系数是指单元在平均风和脉动风共同作用下的内力总和与平均风作用下内力的比值。位移风振系数是指节点在平均风和脉动风共同作用下的位移总和与平均风作用下位移的比值。根据第3章和第4章的结论，本章在结构的所有节点均施加各自的时程风荷载，讨论此时结构的风振系数。

1. 球壳风振系数

节点总位移的计算公式为

$$U = \sqrt{U_x^2 + U_y^2 + U_z^2} \tag{5.48}$$

式中，U_x 为节点在 X 坐标轴方向上的位移；U_y 为节点在 Y 坐标轴方向上的位移；U_z 为节点在 Z 坐标轴方向上的位移。

本节计算了在结构的所有节点均施加各自的时程风荷载时的内力风振系数和位移风振系数，并分别根据节点的总位移和 Z 向位移计算风振系数。根据节点的 Z 向位移计算的位移风振系数列于表 5.2。表中 Z_o 表示各个节点在平均风荷载作用下的 Z 向位移，Z_e 表示在结构的所有节点均施加各自的时程风荷载时各个节点的 Z 向位移，β_{DZ} 表示 Z 向位移风振系数。根据节点总位移计算的位移风振系数列于表 5.3，U_o 表示各个节点在平均风荷载作用下的总位移，U_e 表示在结构的所有节点均施加各自的时程风荷载时各个节点的总位移，β_{DU} 表示总位移风振系数。内力风振系数的表示方法与其类似，分别用 N_o、N_e 和 β_N 表示，见表 5.4。

表 5.2　单层球面网壳结构 Z 向位移风振系数

节点号	Z_o	Z_e	β_{DZ}	节点号	Z_o	Z_e	β_{DZ}
1	0.328	1.265	3.858	58	0.260	0.822	3.164
6	0.450	1.464	3.252	59	0.194	0.733	3.782
7	0.391	1.356	3.469	60	0.170	0.729	4.300
18	0.457	1.581	3.462	61	0.190	0.839	4.415
19	0.460	1.389	3.019	63	0.045	0.410	9.020
21	0.243	1.156	4.750	87	0.130	0.673	5.161
35	0.370	1.258	3.400	88	0.057	0.401	7.047
36	0.343	1.369	3.986	89	0.016	0.347	21.240
37	0.329	1.288	3.910	90	0.027	0.376	13.673
39	0.138	0.771	5.609	91	0.061	0.419	6.848

表 5.3　单层球面网壳结构总位移风振系数

节点号	U_o	U_e	β_{DU}	节点号	U_o	U_e	β_{DU}
1	0.328	1.269	3.867	58	0.308	1.035	3.357
6	0.454	1.497	3.299	59	0.204	0.863	4.235
7	0.392	1.368	3.488	60	0.173	0.836	4.838
18	0.474	1.642	3.461	61	0.199	0.970	4.878
19	0.467	1.467	3.142	63	0.053	0.606	11.348
21	0.258	1.309	5.081	87	0.175	0.982	5.614
35	0.405	1.404	3.467	88	0.058	0.536	9.197
36	0.355	1.502	4.230	89	0.043	0.460	10.756
37	0.339	1.420	4.189	90	0.040	0.510	12.811
39	0.153	0.960	6.279	91	0.063	0.570	9.073

表 5.4　单层球面网壳结构内力风振系数

单元号	N_o	N_e	β_N	单元号	N_o	N_e	β_N
5	15.341	45.300	2.953	30	10.342	31.220	3.019
6	11.852	38.370	3.237	33	13.806	38.860	2.815
9	15.232	43.000	2.823	65	19.298	48.060	2.490
26	20.161	53.220	2.640	67	14.846	44.090	2.970
28	15.886	50.580	3.184	68	7.234	29.530	4.082
29	9.847	33.630	3.415	69	14.582	38.560	2.644

续表

单元号	N_o	N_e	β_N	单元号	N_o	N_e	β_N
70	14.574	37.840	2.596	206	10.278	27.280	2.654
71	14.442	39.170	2.712	207	6.748	25.770	3.819
72	6.764	25.900	3.829	208	13.782	40.040	2.905
75	11.426	33.680	2.948	209	7.639	21.930	2.871
122	16.985	39.860	2.347	210	3.116	18.360	5.892
124	11.532	37.070	3.215	213	4.568	11.510	2.520
125	4.974	23.340	4.693	290	6.106	12.950	2.121
126	9.102	38.320	4.210	292	2.537	18.920	7.457
127	11.030	34.350	3.114	293	5.466	19.040	3.484
128	14.712	39.540	2.688	294	−0.623	−15.340	24.640
129	11.034	38.790	3.515	295	8.390	24.320	2.899
130	15.282	48.400	3.167	296	9.896	25.080	2.534
131	9.957	32.320	3.246	297	−1.461	−15.300	10.476
132	4.360	22.010	5.048	298	9.353	22.490	2.405
135	8.549	23.540	2.754	299	9.246	23.850	2.580
197	13.063	31.470	2.409	300	−0.542	−15.430	28.480
199	7.122	27.440	3.853	301	10.594	25.170	2.376
200	4.411	17.710	4.015	302	8.480	21.390	2.523
201	4.288	23.060	5.378	303	2.538	19.460	7.667
202	8.564	26.200	3.059	304	10.748	28.760	2.676
203	13.017	32.780	2.518	305	6.990	20.150	2.883
204	4.153	21.960	5.287	306	3.026	11.690	3.863
205	11.675	30.270	2.593	—	—	—	—

节点的 Z 向位移风振系数和总位移风振系数的对比结果如图 5.6 所示。

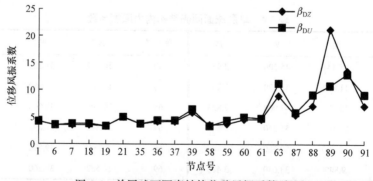

图 5.6　单层球面网壳结构位移风振系数对比

由表 5.3、表 5.4 和图 5.6 可知，单层球面网壳结构大部分节点的位移风振系数变化不大，一般为 3～6，并且 Z 向位移风振系数和总位移风振系数的值基本相等。由表 5.4 可知，结构大部分单元的内力风振系数变化也不大，一般为 2～5。但是也有少数节点位移风振系数和单元内力风振系数异常，出现风振系数奇点，如该结构的节点 89、节点 90、单元 294、单元 297 和单元 300 等。

2. 风振系数奇点及风振系数计算

由图 5.6 可知，单层球面网壳 Z 方向位移风振系数和总位移风振系数的值大部分相差不大，所以本节的位移风振系数都是按节点的 Z 向位移计算所得的。

根据风振系数的定义及计算公式可以得到网壳结构所有节点的位移风振系数和所有单元的内力风振系数，但这样的数据量很大，无法为工程设计人员使用，因此在此基础上对风振系数进行统计求结构的整体风振系数，使其符合结构大部分的风振特性，可直接将脉动风荷载转化为静力风荷载。

结构所有节点的位移风振系数列于表 5.5，表中各个符号的代表意义同前。

表 5.5　单层球面网壳结构所有节点的位移风振系数

节点号	Z_o	Z_e	β_{DZ}	节点号	Z_o	Z_e	β_{DZ}
1	0.328	1.265	3.858	21	0.243	1.156	4.750
2	0.450	1.399	3.110	22	0.343	1.180	3.441
3	0.460	1.617	3.515	23	0.369	1.286	3.482
4	0.465	1.850	3.977	24	0.344	1.170	3.402
5	0.460	1.658	3.602	25	0.342	1.085	3.173
6	0.450	1.464	3.252	26	0.372	1.243	3.343
7	0.391	1.356	3.469	27	0.345	1.098	3.182
8	0.460	1.422	3.093	28	0.345	1.088	3.155
9	0.345	1.233	3.579	29	0.374	1.333	3.567
10	0.456	1.420	3.113	30	0.345	1.180	3.419
11	0.476	1.619	3.405	31	0.345	1.235	3.575
12	0.457	1.441	3.154	32	0.372	1.273	3.418
13	0.479	1.508	3.146	33	0.343	1.140	3.326
14	0.460	1.801	3.914	34	0.345	1.191	3.454
15	0.480	1.755	3.658	35	0.370	1.258	3.400
16	0.458	1.767	3.862	36	0.343	1.369	3.986
17	0.476	1.635	3.433	37	0.329	1.288	3.910
18	0.457	1.581	3.462	38	0.190	0.900	4.741
19	0.460	1.389	3.019	39	0.138	0.771	5.609
20	0.329	1.567	4.762	40	0.169	0.798	4.715

节点号	Z_o	Z_e	β_{DZ}	节点号	Z_o	Z_e	β_{DZ}
41	0.193	0.747	3.866	67	0.130	0.532	4.103
42	0.259	0.829	3.200	68	0.059	0.407	6.858
43	0.199	0.758	3.815	69	0.018	0.373	21.111
44	0.164	0.752	4.593	70	0.017	0.343	19.845
45	0.196	0.818	4.164	71	0.058	0.401	6.918
46	0.260	0.914	3.511	72	0.132	0.526	3.997
47	0.199	0.756	3.801	73	0.060	0.393	6.552
48	0.165	0.705	4.272	74	0.019	0.333	17.903
49	0.199	0.677	3.408	75	0.019	0.328	17.719
50	0.262	0.941	3.595	76	0.060	0.392	6.552
51	0.199	0.794	3.990	77	0.133	0.527	3.973
52	0.165	0.804	4.865	78	0.060	0.408	6.789
53	0.199	0.745	3.737	79	0.019	0.328	17.412
54	0.261	0.886	3.396	80	0.019	0.365	19.340
55	0.197	0.911	4.619	81	0.060	0.371	6.156
56	0.165	0.993	6.031	82	0.132	0.615	4.654
57	0.200	0.859	4.306	83	0.059	0.425	7.261
58	0.260	0.822	3.164	84	0.018	0.357	20.063
59	0.194	0.733	3.782	85	0.018	0.391	21.488
60	0.170	0.729	4.300	86	0.060	0.426	7.111
61	0.190	0.839	4.415	87	0.130	0.673	5.161
62	0.061	0.361	5.918	88	0.057	0.401	7.047
63	0.045	0.410	9.020	89	0.016	0.347	21.240
64	0.027	0.343	12.599	90	0.027	0.376	13.673
65	0.016	0.308	19.179	91	0.061	0.419	6.848
66	0.057	0.372	6.576				

结构所有单元的内力风振系数列于表 5.6，表中各个符号的代表意义同前。

表 5.6　单层球面网壳结构所有单元的内力风振系数

单元号	N_o	N_e	β_N	单元号	N_o	N_e	β_N
1	15.341	42.470	2.768	6	11.852	38.370	3.237
2	14.015	42.960	3.065	7	15.877	47.140	2.969
3	13.182	37.670	2.858	8	10.352	37.310	3.604
4	14.015	42.710	3.047	9	15.232	43.000	2.823
5	15.341	45.300	2.953	10	20.163	48.580	2.409

单元号	N_o	N_e	β_N	单元号	N_o	N_e	β_N
11	9.842	35.130	3.570	46	16.212	45.010	2.776
12	16.599	44.140	2.659	47	6.159	22.650	3.678
13	9.055	34.230	3.780	48	16.144	48.380	2.997
14	19.350	54.730	2.828	49	14.063	35.590	2.531
15	10.332	34.240	3.314	50	14.398	41.660	2.893
16	17.661	54.960	3.112	51	18.817	50.750	2.697
17	9.169	33.500	3.654	52	6.506	29.700	4.565
18	19.104	51.310	2.686	53	16.160	47.220	2.922
19	9.702	35.630	3.673	54	6.487	29.790	4.592
20	17.670	51.540	2.917	55	16.225	51.090	3.149
21	9.692	33.860	3.494	56	14.383	47.450	3.299
22	19.347	51.980	2.687	57	14.075	39.060	2.775
23	9.174	36.490	3.977	58	18.931	52.700	2.784
24	16.608	42.180	2.540	59	6.172	24.700	4.002
25	10.330	37.330	3.614	60	15.681	45.880	2.926
26	20.161	53.220	2.640	61	6.864	32.020	4.665
27	9.053	41.650	4.601	62	15.799	46.590	2.949
28	15.886	50.580	3.184	63	14.801	42.100	2.844
29	9.847	33.630	3.415	64	13.940	44.470	3.190
30	10.342	31.220	3.019	65	19.298	48.060	2.490
31	14.566	39.280	2.697	66	6.018	31.700	5.267
32	6.783	27.300	4.025	67	14.846	44.090	2.970
33	13.806	38.860	2.815	68	7.234	29.530	4.082
34	14.834	39.810	2.684	69	14.582	38.560	2.644
35	14.457	40.420	2.796	70	14.574	37.840	2.596
36	14.562	39.680	2.725	71	14.442	39.170	2.712
37	19.304	50.880	2.636	72	6.764	25.900	3.829
38	7.221	26.210	3.630	73	11.014	40.610	3.687
39	15.775	37.620	2.385	74	4.386	23.580	5.376
40	6.026	26.870	4.459	75	11.426	33.680	2.948
41	15.657	39.490	2.522	76	9.087	44.210	4.865
42	13.942	34.410	2.468	77	9.980	33.700	3.377
43	14.803	48.670	3.288	78	15.264	35.600	2.332
44	18.937	52.040	2.748	79	11.517	42.610	3.700
45	6.871	31.890	4.641	80	14.731	40.190	2.728

单元号	N_o	N_e	β_N	单元号	N_o	N_e	β_N
81	11.012	29.840	2.710	116	9.906	33.130	3.344
82	16.993	38.090	2.242	117	10.417	31.730	3.046
83	4.956	28.260	5.702	118	14.624	37.740	2.581
84	12.166	32.790	2.695	119	12.198	39.510	3.239
85	4.086	21.880	5.355	120	15.301	39.570	2.586
86	9.876	34.880	3.532	121	9.783	31.110	3.180
87	9.788	34.720	3.547	122	16.985	39.860	2.347
88	15.301	41.200	2.693	123	4.074	22.780	5.591
89	12.017	34.310	2.855	124	11.532	37.070	3.215
90	14.624	41.900	2.865	125	4.974	23.340	4.693
91	10.423	30.130	2.891	126	9.102	38.320	4.210
92	16.752	46.410	2.770	127	11.030	34.350	3.114
93	4.773	23.370	4.896	128	14.712	39.540	2.688
94	12.404	40.280	3.247	129	11.034	38.790	3.515
95	4.248	21.660	5.099	130	15.282	48.400	3.167
96	10.144	30.180	2.975	131	9.957	32.320	3.246
97	9.908	26.110	2.635	132	4.360	22.010	5.048
98	14.991	39.790	2.654	133	6.726	26.870	3.995
99	12.326	37.300	3.026	134	3.148	15.800	5.020
100	14.738	33.770	2.291	135	8.549	23.540	2.754
101	10.156	30.570	3.010	136	4.135	26.440	6.394
102	16.680	41.530	2.490	137	7.666	27.420	3.577
103	4.513	22.560	4.999	138	13.761	35.460	2.577
104	12.346	38.820	3.144	139	4.272	22.420	5.248
105	4.486	23.240	5.180	140	10.304	26.750	2.596
106	10.160	32.240	3.173	141	11.652	28.060	2.408
107	10.133	29.520	2.913	142	7.107	25.050	3.525
108	14.756	38.170	2.587	143	13.041	33.800	2.592
109	12.419	38.200	3.076	144	8.541	27.680	3.241
110	14.971	40.770	2.723	145	13.075	30.170	2.307
111	9.926	32.240	3.248	146	4.391	19.470	4.434
112	16.744	43.580	2.603	147	7.687	28.030	3.646
113	4.265	24.190	5.672	148	3.581	19.330	5.398
114	12.049	38.760	3.217	149	4.773	19.370	4.058
115	4.761	25.320	5.318	150	7.820	25.540	3.266

续表

单元号	N_o	N_e	β_N	单元号	N_o	N_e	β_N
151	13.587	34.190	2.516	186	7.534	31.220	4.144
152	4.723	27.360	5.793	187	4.141	19.070	4.605
153	10.392	29.690	2.857	188	4.756	25.450	5.351
154	10.913	30.300	2.777	189	8.315	29.480	3.546
155	7.497	31.970	4.264	190	13.048	35.070	2.688
156	13.049	37.350	2.862	191	4.806	23.120	4.810
157	8.322	23.640	2.841	192	10.910	35.590	3.262
158	12.937	29.990	2.318	193	10.388	29.400	2.830
159	4.155	19.730	4.749	194	7.723	26.410	3.420
160	7.791	29.560	3.794	195	13.587	37.940	2.792
161	3.742	17.410	4.653	196	7.811	25.600	3.277
162	4.919	22.180	4.509	197	13.063	31.470	2.409
163	7.933	21.750	2.742	198	3.567	18.600	5.214
164	13.345	34.970	2.620	199	7.122	27.440	3.853
165	4.896	22.090	4.512	200	4.411	17.710	4.015
166	10.492	27.340	2.606	201	4.288	23.060	5.378
167	10.701	28.440	2.658	202	8.564	26.200	3.059
168	7.714	26.700	3.461	203	13.017	32.780	2.518
169	13.138	32.530	2.476	204	4.153	21.960	5.287
170	8.133	25.350	3.117	205	11.675	30.270	2.593
171	12.883	27.840	2.161	206	10.278	27.280	2.654
172	3.961	17.960	4.534	207	6.748	25.770	3.819
173	7.737	28.540	3.689	208	13.782	40.040	2.905
174	3.930	19.280	4.906	209	7.639	21.930	2.871
175	4.915	22.190	4.515	210	3.116	18.360	5.892
176	8.105	22.200	2.739	211	2.515	17.260	6.864
177	13.161	30.710	2.333	212	3.060	14.990	4.898
178	4.936	20.420	4.137	213	4.568	11.510	2.520
179	10.674	29.410	2.755	214	−0.560	−16.950	30.275
180	10.516	29.600	2.815	215	7.020	21.190	3.019
181	7.806	28.260	3.620	216	10.725	24.510	2.285
182	13.322	35.710	2.681	217	−1.477	−18.210	12.332
183	7.954	25.970	3.265	218	8.510	20.970	2.464
184	12.926	35.740	2.765	219	10.567	22.260	2.107
185	3.761	17.660	4.695	220	−0.638	−16.010	25.102

单元号	N_o	N_e	β_N	单元号	N_o	N_e	β_N
221	9.275	22.830	2.461	256	10.013	24.900	2.487
222	9.327	20.060	2.151	257	8.014	21.110	2.634
223	2.524	20.000	7.925	258	5.989	14.110	2.356
224	9.921	25.030	2.523	259	5.123	18.260	3.565
225	8.368	19.410	2.320	260	2.970	19.180	6.457
226	6.120	13.780	2.252	261	5.089	15.610	3.067
227	5.446	16.230	2.980	262	−0.240	−15.050	62.742
228	2.963	22.520	7.600	263	7.984	18.510	2.318
229	4.809	17.710	3.683	264	10.036	23.760	2.367
230	−0.328	−12.170	37.124	265	−1.066	−16.180	15.181
231	7.738	19.610	2.534	266	8.891	20.330	2.287
232	10.373	27.470	2.648	267	9.548	24.810	2.599
233	−1.192	−13.370	11.213	268	−0.222	−15.760	70.851
234	8.634	24.500	2.838	269	9.688	22.500	2.323
235	9.904	25.860	2.611	270	8.759	23.330	2.663
236	−0.388	−13.150	33.873	271	3.023	21.220	7.019
237	9.428	25.370	2.691	272	10.161	24.650	2.426
238	9.083	21.900	2.411	273	7.865	25.790	3.279
239	2.780	20.180	7.259	274	6.017	15.380	2.556
240	9.947	24.010	2.414	275	4.960	19.290	3.889
241	8.155	22.360	2.742	276	2.815	18.890	6.710
242	6.030	14.390	2.386	277	5.262	18.520	3.519
243	5.278	17.570	3.329	278	−0.358	−12.200	34.032
244	3.010	17.600	5.846	279	8.146	19.990	2.454
245	4.940	17.880	3.619	280	9.944	25.600	2.574
246	−0.236	−15.590	66.127	281	−1.164	−15.860	13.629
247	7.842	20.970	2.674	282	9.077	25.910	2.855
248	10.187	22.750	2.233	283	9.424	24.890	2.641
249	−1.080	−14.670	13.578	284	−0.297	−15.560	52.378
250	8.734	22.290	2.552	285	9.899	29.150	2.945
251	9.718	23.700	2.439	286	8.629	22.590	2.618
252	−0.257	−12.900	50.120	287	2.999	22.270	7.427
253	9.521	20.780	2.183	288	10.370	25.600	2.469
254	8.921	22.060	2.473	289	7.730	20.900	2.704
255	2.947	16.610	5.636	290	6.106	12.950	2.121

续表

单元号	N_o	N_e	β_N	单元号	N_o	N_e	β_N
291	4.794	19.740	4.118	299	9.246	23.850	2.580
292	2.537	18.920	7.457	300	−0.542	−15.430	28.480
293	5.466	19.040	3.484	301	10.594	25.170	2.376
294	−0.623	−15.340	24.640	302	8.480	21.390	2.523
295	8.390	24.320	2.899	303	2.538	19.460	7.667
296	9.896	25.080	2.534	304	10.748	28.760	2.676
297	−1.461	−15.300	10.476	305	6.990	20.150	2.883
298	9.353	22.490	2.405	306	3.026	11.690	3.863

　　由表 5.6 和表 5.7 可以看出：结构大部分节点的位移风振系数变化不大，一般为 3~6，但是也有少数节点位移风振系数异常，出现奇点；结构大部分单元的内力风振系数变化不大，一般为 2~5，但是少数单元内力风振系数异常，出现奇点。对结构整体而言，出现风振系数奇点的节点和单元在平均风荷载作用下的位移响应和内力响应较其他大部分节点和单元小得多，不在一个数量级，不是结构的控制响应，所以少数奇点处算得的风振系数并不具有实际意义。但是由于风振系数奇点的存在，必须采取合理原则对风振系数奇点进行判定，将奇点去除以计算结构的整体风振系数。

　　整体风振系数为风振响应最大值与平均风静力响应的最大值之比，这种方法无须计算修正系数，也无须对各样本响应时程进行统计。但是前提条件为风振下样本响应均值和最大值之间具有较好的线性关系。在计算得出网壳结构任一节点的位移风振系数和任一单元的内力风振系数的基础上，对其结果进行统计处理，得到与最大动响应对应的风振系数，作为结构的最不利风振系数，其具体表达式为

$$\beta_d^* = \frac{\{\beta_{di} \times U_{wi}\}_{\max}}{\{U_{wi}\}_{\max}} \tag{5.49}$$

$$\beta_s^* = \frac{\{\beta_{si} \times S_{wi}\}_{\max}}{\{S_{wi}\}_{\max}} \tag{5.50}$$

式中，β_d^* 为位移风振系数；β_s^* 为应力风振系数；$\{U_{wi}\}_{\max}$ 为节点平均位移最大值；$\{\beta_{di} \times U_{wi}\}_{\max}$ 为节点动位移最大值；$\{S_{wi}\}_{\max}$ 为单元平均应力最大值；$\{\beta_{si} \times S_{wi}\}_{\max}$ 为单元动应力最大值。

　　采用最小二乘法确定结构的一致位移风振系数和一致内力风振系数，其中一致位移风振系数为

$$\beta_u = 1 + \frac{\sum_{i=1}^{n} \overline{u_i} \tilde{u}_i}{\sum_{i=1}^{n} \overline{u_i}^2} \tag{5.51}$$

式中，n 为结构自由度；$\overline{u_i}$ 为第 i 自由度的静力平均风荷载位移响应；$\tilde{u}_i$ 为该自由度的脉动位移响应最大值。

一致内力风振系数为

$$\beta_N = 1 + \frac{\sum_{i=1}^{m} \overline{N_i} \tilde{N}_i}{\sum_{i=1}^{m} \overline{N_i}^2} \tag{5.52}$$

式中，m 为结构单元总数；$\overline{N_i}$ 为第 i 单元轴力的平均风静力响应；$\tilde{N}_i$ 为该单元轴力的脉动响应最大值。

由表 5.5 和表 5.6 可知，出现位移风振系数奇点的有 62、63、64、65、66、68、69、70、71、73、74、75、76、78、79、80、81、83、84、85、86、88、89、90、91 等节点，一般发生在边缘向内的第二圈节点上。出现内力风振系数奇点的有 214、217、220、223、228、230、233、236、239、246、249、252、260、262、265、268、271、276、278、281、284、287、292、294、297、300、303 等单元，一般发生在边缘向内的第二圈环向单元上。由此可以看出，矢跨比为 0.25 的单层球面网壳结构的风振系数奇点多发生在结构靠近约束位置，若去除奇点的影响，结构的节点位移风振系数及单元内力风振系数有较强的规律性。在计算结构的整体风振系数时将大于 5 的风振系数全部除去。整体风振系数按以下公式进行计算：

$$\beta_0 = \mu_\beta + \alpha \sigma_\beta \tag{5.53}$$

式中，β_0 为计算所得结构的整体风振系数；μ_β 为风振系数的均值；σ_β 为风振系数的标准差；α 为保证系数，取为 1.645，即具有 95% 的保证率。

根据式(5.53)，计算均值和标准差，得到结构的整体位移风振系数为 4.560，结构的整体内力风振系数为 4.204，结构的整体风振系数可取为 4.6。

3. 结构刚度对网壳结构整体风振系数的影响

在网壳结构其他参数都不改变的条件下，改变网壳各杆件截面面积，达到增大结构刚度的目的。分别选用 $\phi 89\text{mm} \times 4\text{mm}$、$\phi 102\text{mm} \times 4\text{mm}$、$\phi 114\text{mm} \times 4\text{mm}$ 和 $\phi 127\text{mm} \times 4\text{mm}$ 四种杆件对网壳结构进行风荷载作用下的风振系数分析。表 5.7 给出了四种网壳结构模型振动圆频率和 Rayleigh 阻尼系数。

表 5.7　不同杆件单层球面网壳结构的振动圆频率及阻尼参数

管径	f_1/Hz	f_3/Hz	ω_1/(rad/s)	ω_3/(rad/s)	α	β
ϕ89mm×4mm	2.854	3.167	17.934	19.898	0.377	0.001057
ϕ102mm×4mm	3.153	3.533	19.675	22.187	0.4189	0.000952
ϕ114mm×4mm	3.319	3.736	20.844	23.474	0.4412	0.000902
ϕ127mm×4mm	3.486	3.941	21.892	24.763	0.465	0.000857

注：f_1 表示结构的第一自振频率；f_3 表示结构的第三自振频率；ω_1 表示第一圆频率；ω_3 表示第三圆频率；α 表示质量阻尼系数；β 表示刚度阻尼系数。

改变刚度时结构各节点的位移风振系数如图 5.7 所示。

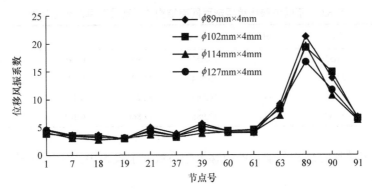

图 5.7　改变刚度时结构各节点的位移风振系数对比

由表 5.7 和图 5.7 可看出，随着结构刚度的增大，结构的自振频率增大，但增幅较小，位移风振系数减小。

根据式(5.53)，将大于 5 的风振系数全部去除，计算各个模型的均值和标准差，得到各模型的整体风振系数，见表 5.8。

表 5.8　改变刚度时结构的整体风振系数

杆件类型	ϕ89mm × 4mm	ϕ102mm × 4mm	ϕ114mm × 4mm	ϕ127mm × 4mm
位移风振系数	4.560	4.520	4.289	4.166
内力风振系数	4.204	4.141	4.089	4.123

改变刚度时结构的整体风振系数如图 5.8 所示。

4. 矢跨比对网壳结构整体风振系数的影响

在网壳结构其他参数均不变时，改变结构的矢跨比，考虑此时结构风振系数的变化情况。球壳结构跨度为 40m，矢跨比分别取为 0.2、0.3、0.4 和 0.5，杆件选用 ϕ89mm × 4mm。表 5.9 给出了四种网壳结构模型的 Rayleigh 阻尼系数。

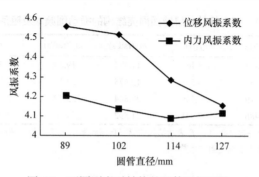

图 5.8　不同刚度时结构的整体风振系数

表 5.9　不同矢跨比单层球面网壳结构的振动圆频率及阻尼参数

矢跨比	f_1/Hz	f_3/Hz	ω_1/(rad/s)	ω_3/(rad/s)	α	β
0.2	2.653	2.866	16.661	17.998	0.346	0.0011540
0.3	2.943	3.439	18.494	21.597	0.399	0.0009974
0.4	2.668	3.543	16.766	22.263	0.383	0.0010250
0.5	2.067	2.844	12.985	17.866	0.301	0.0012970

　　改变矢跨比时结构各节点的位移风振系数列于表 5.10,取整体分析结果的 1/6 进行分析。

表 5.10　改变矢跨比时结构各节点的位移风振系数

节点号	不同矢跨比的位移风振系数				
	0.2	0.25	0.3	0.4	0.5
1	4.918	3.858	3.376	3.719	3.425
6	3.641	3.252	2.993	3.001	2.800
7	3.452	3.469	3.206	3.125	2.919
18	3.384	3.462	3.286	3.042	2.782
19	3.332	3.019	3.407	2.805	2.596
21	3.922	4.750	3.525	3.578	3.055
35	3.292	3.400	3.820	2.804	3.195
36	3.294	3.986	5.062	3.029	2.670
37	3.489	3.910	3.766	3.136	2.500
39	3.630	5.609	6.592	2.723	2.969
58	3.507	3.164	4.624	2.912	3.264
59	4.324	3.782	3.634	3.074	2.214
60	5.171	4.300	6.228	3.406	2.433
61	4.348	4.415	13.326	2.763	2.496
63	3.894	9.020	3.744	2.860	2.735

续表

节点号	不同矢跨比的位移风振系数				
	0.2	0.25	0.3	0.4	0.5
87	4.307	5.161	36.613	3.504	17.905
88	5.066	7.047	2.866	3.091	4.348
89	6.842	21.240	12.897	3.211	7.396
90	8.280	13.673	4.904	3.691	5.857
91	5.125	6.848	3.859	3.099	3.014

改变矢跨比时结构节点的位移风振系数如图 5.9 所示。

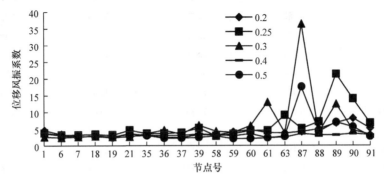

图 5.9　改变矢跨比时结构节点的位移风振系数对比

改变矢跨比时结构各单元的内力风振系数列于表 5.11。

表 5.11　改变矢跨比时结构各单元的内力风振系数

单元号	不同矢跨比的内力风振系数			
	0.2	0.3	0.4	0.5
5	3.170	3.128	3.407	3.593
6	2.731	2.855	3.212	2.949
9	2.587	2.203	2.820	2.555
26	2.768	2.547	2.631	2.724
28	3.125	2.465	3.168	3.337
29	4.011	3.437	4.368	4.645
30	3.961	4.077	3.869	3.596
33	2.805	2.193	2.701	2.397
65	2.400	2.464	2.459	2.319
67	2.931	3.006	3.309	3.282
69	3.113	3.476	2.916	3.102
70	2.850	2.578	2.805	2.786
71	2.757	3.546	3.118	3.044
72	4.246	4.180	5.695	6.225

单元号	不同矢跨比的内力风振系数			
	0.2	0.3	0.4	0.5
75	2.418	2.179	2.349	2.424
124	2.895	4.400	3.411	3.384
126	3.167	4.651	3.902	3.831
127	2.839	2.924	3.343	2.827
129	2.990	3.509	3.230	3.580
130	2.478	2.894	2.988	2.939
131	3.199	2.819	3.107	3.464
132	4.585	3.877	5.669	6.750
135	2.429	2.066	2.357	2.344
197	2.323	2.865	2.237	2.130
199	3.444	3.735	3.809	2.753
201	4.369	7.559	4.483	10.766
204	5.134	7.686	4.608	6.612
207	3.605	7.371	3.319	4.508
208	2.482	2.319	2.760	2.689
209	2.760	3.633	3.062	3.466
210	4.605	3.825	4.509	5.077
213	2.257	1.897	2.806	2.779
290	2.150	2.440	2.254	3.829
292	4.585	10.042	4.330	2.437
294	6.624	4.402	7.988	2.326
297	9.784	15.431	9.970	140.251
300	7.821	7.552	5.667	42.028
303	4.400	5.403	4.010	5.397
304	2.449	2.265	2.913	3.344
305	2.544	2.887	2.230	2.514
306	3.266	4.433	3.181	3.337

改变矢跨比时结构单元的内力风振系数如图 5.10 所示。

由表 5.9～表 5.11、图 5.9 和图 5.10 可知，随着结构矢跨比的改变，结构的自振频率改变，内力风振系数和位移风振系数都发生改变，并且风振系数奇点的位置也发生了变化。

根据式(5.53)，将大于 5 的风振系数全部去除，计算各个模型的均值和标准差，得各模型的整体风振系数见表 5.12。

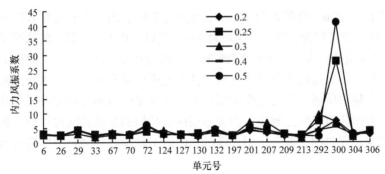

图 5.10　改变矢跨比时结构单元的内力风振系数对比

表 5.12　改变矢跨比时结构节点的整体风振系数

矢跨比	0.2	0.3	0.4	0.5
位移风振系数	4.623	4.313	4.029	3.741
内力风振系数	4.219	4.058	4.148	4.093

改变矢跨比时结构的整体风振系数如图 5.11 所示。

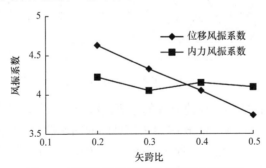

图 5.11　不同矢跨比时结构的整体风振系数

由图 5.11 可知，结构的整体风振系数变化趋势是随着结构矢跨比的增大而减小的，结构的整体位移风振系数与结构矢跨比基本呈线性关系，拟合其线性表达式为

$$\beta_{\mathrm{D}} = -0.293 \times \frac{f}{l} + 4.908 \tag{5.54}$$

式中，β_{D} 为结构的整体位移风振系数；$\frac{f}{l}$ 为结构矢跨比。

5.3　单层柱面网壳结构风振系数及其参数分析

5.3.1　单层柱面网壳结构计算模型

本节以三向网格结构单层柱面网壳结构为研究对象，如图 5.12 所示。该计算

模型长度 L 为 45m，跨度 B 为 30m，矢高 f 为 7.5m，沿长度和跨度方向等分数各为 15 和 10，节点数为 213，杆件数为 574。钢材采用 Q235 钢，荷载控制组合：1.2 恒载+1.4 活载，其中恒载为 0.3kN/m²，活载为 0.5kN/m²，周边三向铰支于 10m 高处的底座上。采用通用有限元分析软件单元库中梁和质量单元来模拟网壳杆件和等效节点集中质量，利用完全瞬态动力学模块来分析网壳结构在风荷载下的动力响应，考虑几何非线性效应。因为单层网壳结构的振动幅度比较小，所以忽略了风与结构之间的相互耦合作用。仅以顺风向 Y 轴正向为例对结构进行风振系数参数分析。

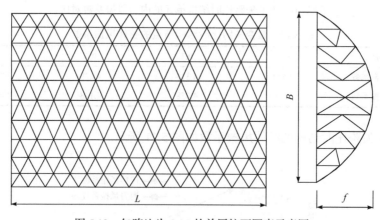

图 5.12　矢跨比为 0.25 的单层柱面网壳示意图

具有时空相关性的随机风速时程的主要模拟参数：平均风速模型为指数律模型，脉动风速谱类型为 Davenport 谱，AR 模型的回归阶数 $p = 4$，模拟时长 $t = 120$s，时间步长 $\Delta t = 0.1$s，B 类地貌，地面粗糙度 $k = 0.003$，10m 高处平均风速 $\bar{v}(10) = 31$m/s，衰减系数 C_x、C_y、C_z 分别为 16、8、10；空气密度 $\rho = 1.249$kg/m³；结构风荷载体型系数和风压高度变化系数按照我国现行标准 GB 50009—2012《建筑结构荷载规范》确定。图 5.13 和图 5.14 分别为节点 88 的风速和位移时程曲线。

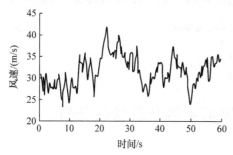

图 5.13　单层柱面网壳结构节点 88 的
风速时程曲线

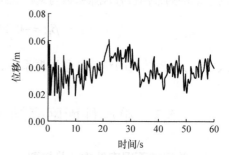

图 5.14　单层柱面网壳结构节点 88 的
位移时程曲线

5.3.2　单层柱面网壳结构风振响应分析

结构的风振响应特性受到诸多参数的影响，包括矢跨比、长宽比、平均风速等参数，依次对上述变量进行参数分析，总结该类结构在各参数下位移风振系数和内力风振系数的变化规律，分别列于表 5.13、表 5.14，并为整体位移和内力风振系数计算公式的回归分析提供数据。

表 5.13　单层柱面网壳结构节点位移风振系数

节点号	式(5.45)	式(5.47)	节点号	式(5.45)	式(5.47)	节点号	式(5.45)	式(5.47)
3	1.789	3.113	47	1.505	1.746	81	1.484	1.713
4	4.456	10.765	48	1.584	1.821	82	1.530	1.748
6	3.225	7.778	49	1.592	1.907	83	1.547	1.782
8	2.378	5.113	50	1.589	1.936	84	1.540	1.799
10	2.197	4.778	51	1.582	1.947	85	1.526	1.836
12	2.151	4.678	52	1.573	1.938	86	1.511	1.863
24	1.969	2.908	58	1.498	1.745	93	1.474	1.740
25	5.384	12.400	59	1.598	1.862	94	1.534	1.871
26	3.233	7.133	60	1.621	1.866	95	1.569	1.936
27	2.598	5.349	61	1.625	1.861	96	1.580	1.970
28	2.442	4.910	62	1.616	1.895	97	1.580	2.002
29	2.395	4.718	63	1.604	1.926	98	1.579	2.002
35	1.540	2.033	70	1.501	1.773	104	1.500	1.814
36	1.653	2.275	71	1.686	2.412	105	1.676	2.665
37	1.847	2.808	72	1.727	2.525	106	3.126	7.215
38	1.910	2.979	73	1.737	2.637	107	16.430	45.522
39	1.888	2.974	74	1.732	2.717	108	12.344	31.899
40	1.860	2.935	75	1.715	2.716	109	8.552	21.771

表 5.14　单层柱面网壳结构单元内力风振系数

单元号	式(5.45)	式(5.47)	单元号	式(5.45)	式(5.47)	单元号	式(5.45)	式(5.47)
2	1.847	2.704	14	1.553	1.862	38	2.066	3.146
3	1.824	2.968	15	1.978	2.608	39	1.674	2.195
5	1.620	1.860	18	1.669	2.115	40	4.134	6.055
6	2.652	5.488	33	2.268	3.080	41	2.120	3.737
8	1.628	1.912	34	1.866	2.778	42	1.683	2.150
9	2.897	4.258	35	1.890	2.310	43	3.133	4.508
11	1.632	1.885	36	1.787	2.543	44	2.090	4.074
12	2.411	3.332	37	1.948	2.901	45	1.686	1.979

单元号	式(5.45)	式(5.47)	单元号	式(5.45)	式(5.47)	单元号	式(5.45)	式(5.47)
46	2.365	3.080	113	1.852	2.487	196	2.053	2.973
47	2.076	4.185	114	1.716	1.979	197	1.545	1.730
48	1.595	1.898	131	1.652	1.927	198	1.555	1.747
49	1.884	2.191	132	1.701	1.932	199	2.316	3.578
66	2.463	3.590	133	1.565	1.890	200	1.525	1.689
67	1.556	1.743	134	1.665	2.105	201	1.544	1.746
68	4.759	11.692	135	2.145	3.179	202	2.653	4.453
69	8.222	13.524	136	1.606	1.939	203	1.536	1.813
70	1.768	2.416	137	1.636	2.087	204	1.534	1.724
71	44.431	133.517	138	2.293	3.383	205	2.899	5.135
72	66.425	123.796	139	1.561	1.760	206	1.634	2.014
73	1.728	2.409	140	1.614	2.060	207	1.553	1.688
74	3.126	4.811	141	12.547	20.034	208	2.986	5.569
75	24.975	45.843	142	1.567	1.698	209	2.677	3.291
76	1.750	2.166	143	1.604	2.039	210	1.662	1.884
77	2.443	3.158	144	2.610	3.068	213	2.538	3.293
78	9.909	17.908	145	1.562	1.755	228	1.609	1.787
79	1.734	2.117	148	1.684	2.001	229	1.627	2.017
80	1.953	2.353	163	1.663	1.967	230	1.732	1.921
83	1.690	2.052	164	1.717	1.955	231	1.594	1.885
98	1.740	2.338	165	1.820	2.129	232	1.515	1.711
99	1.529	1.680	166	1.540	1.695	233	1.672	1.791
100	15.499	21.054	167	1.564	1.738	234	1.559	1.867
101	4.130	7.367	168	1.778	2.008	235	1.723	2.100
102	9.923	23.143	169	1.564	1.831	236	1.630	1.756
103	1.980	2.690	170	1.556	1.745	237	1.582	1.954
104	2.309	3.701	171	1.766	2.097	238	1.639	2.110
105	1.773	2.307	172	1.678	2.242	239	1.588	1.813
106	1.732	2.208	173	1.528	1.765	240	1.644	2.072
107	2.299	3.596	174	1.750	2.175	241	1.682	2.290
108	1.755	2.158	175	3.081	3.984	242	1.555	1.843
109	1.657	2.133	176	1.558	1.761	243	2.444	2.923
110	2.111	2.467	177	1.742	2.184	244	2.343	2.841
111	1.771	2.259	178	3.143	4.047	261	1.533	1.740
112	1.637	2.070	179	1.703	1.865	262	1.493	1.677

续表

单元号	式(5.45)	式(5.47)	单元号	式(5.45)	式(5.47)	单元号	式(5.45)	式(5.47)
263	9.766	17.943	274	1.764	2.380	301	1.823	2.400
264	1.563	1.809	275	5.656	9.760	302	1.622	2.113
265	1.614	2.098	278	2.380	3.230	303	3.023	5.898
266	1.822	2.420	293	1.537	1.978	304	1.722	2.557
267	1.547	1.785	294	1.492	1.675	305	1.606	2.180
268	1.618	2.178	295	77.445	113.451	306	3.145	7.321
269	1.981	3.095	296	3.257	6.069	307	1.703	2.502
270	1.529	1.737	297	1.647	2.111	308	1.622	2.366
271	1.656	2.357	298	2.272	3.219	309	1.759	2.681
272	1.990	3.531	299	1.610	2.110			
273	1.509	1.702	300	2.854	5.211			

1. 风振系数参数分析方案

本节单层柱面网壳结构的宽度 B 为 30m 保持不变,在分析矢跨比和长宽比的影响时平均风速 $\bar{v}$ 为 31m/s 保持不变。参数分析时遵循的规则:在考虑某参数影响时,其他参数保持不变且与模型的基本参数取值相同。具体参数工况选择如下:

(1) 矢跨比(f/B)为 0.10、0.15、0.25、0.35。

(2) 长宽比(L/B)为 1.0、1.5、2.0、2.5。

(3) 平均风速 ($\bar{v}$) 为 22m/s、25m/s、28m/s、31m/s。

2. 矢跨比对风振系数的影响

图 5.15 为单层柱面网壳结构模型在不同长宽比时结构整体位移风振系数均值随矢跨比的变化曲线。可以看出,在其他参数相同的情况下,当矢跨比小于 0.25 时,矢跨比对整体位移风振系数的影响较大;当矢跨比大于 0.25 时,整体位移风振系数随矢跨比的变化较小。整体位移风振系数均值在 2.1~3.1 变化,其中长宽比为 2.0 时变化幅度较为平缓,长宽比为 1.0 时变化幅度较大。

图 5.16 为单层柱面网壳结构模型在不同长宽比时结构整体内力风振系数均值随矢跨比的变化曲线。可以看出,在其他参数相同的情况下,当矢跨比小于 0.25 时,整体内力风振系数均值随矢跨比的变化与对应长宽比整体位移风振系数随矢跨比的变化趋势一致;当矢跨比大于 0.25 时,整体内力风振系数均值随矢跨比的变化与对应长宽比整体位移风振系数随矢跨比的变化趋势相反。整体内力风振系数均值在 2.2~2.8 变化,其中长宽比为 2.0 时变化幅度较为平缓,长宽比为 1.0、1.5 和 2.5 时变化幅度较大,但总体变化较整体位移风振系数小。

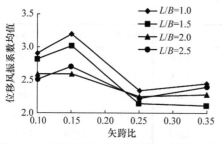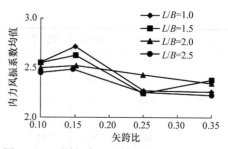

图 5.15　不同长宽比时单层柱面网壳结构模　　　图 5.16　不同长宽比时单层柱面网壳结构模
　　　型整体位移风振系数均值随矢跨比的变化　　　　　　型整体内力风振系数均值随矢跨比的变化

3. 长宽比对风振系数的影响

图 5.17 为单层柱面网壳结构模型在不同矢跨比时结构整体位移风振系数均值随长宽比的变化曲线。可以看出，在其他参数相同的情况下，当长宽比小于 2.0、矢跨比为 0.10 和 0.15 时，整体位移风振系数均值随长宽比增大逐渐减小；当长宽比大于 2.0、矢跨比为 0.10 时，整体位移风振系数均值随长宽比的增大而减小；而长宽比大于 2.0、矢跨比为 0.15 时，整体位移风振系数均值随长宽比的增大而增大。矢跨比为 0.25 和 0.35 时，整体位移风振系数均值在长宽比为 1.5 时取得最小值，当长宽比增大或减小时，整体位移风振系数均值均增大。整体位移风振系数均值在矢跨比为 0.25 时变化幅度较为平缓，矢跨比为 0.15 时变化幅度最大。

图 5.18 为单层柱面网壳结构模型在不同矢跨比时结构整体内力风振系数均值随长宽比的变化曲线。可以看出，在其他参数相同的情况下，矢跨比为 0.10 和 0.15 的整体内力风振系数均值明显大于矢跨比为 0.25 和 0.35 时的值。矢跨比为 0.10 时整体内力风振系数均值变化幅度最小，为 3.9%；矢跨比为 0.15 时变化幅度最大，为 8.9%。整体来看，整体内力风振系数均值随长宽比的变化幅度较小。

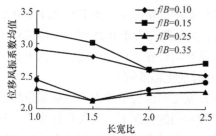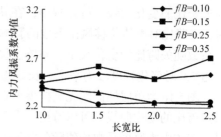

图 5.17　单层柱面网壳结构模型整体位移　　　　图 5.18　单层柱面网壳结构模型整体内力
　　　风振系数均值随长宽比的变化曲线　　　　　　　　风振系数均值随长宽比的变化曲线

4. 平均风速对风振系数的影响

图 5.19、图 5.20 为单层柱面网壳结构模型纵向长度为 45m，不同矢跨比情况

下整体风振系数随风速变化的曲线。可以看出，在其他参数相同的条件下，整体风振系数均值随平均风速的变化均不显著，仅矢跨比为 0.15 时整体风振系数随风速增大有较明显的增大。

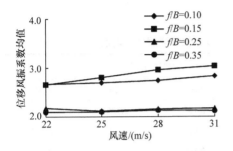

图 5.19 不同矢跨比下单层柱面网壳结构模型整体位移风振系数均值随风速的变化曲线

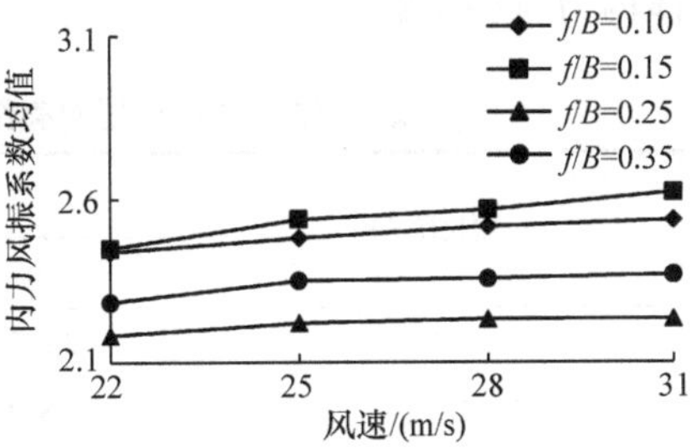

图 5.20 不同矢跨比下单层柱面网壳结构模型整体内力风振系数均值随风速的变化曲线

图 5.21、图 5.22 为单层柱面网壳结构模型矢高为 7.5m，不同长宽比下整体风振系数随风速变化的曲线。可以看出，在其他参数相同的条件下，整体风振系数均值随平均风速的变化同样较小，仅长宽比为 1.5 时整体内力风振系数随风速增大有较明显的增大。

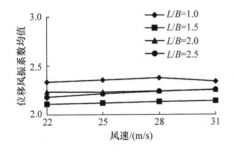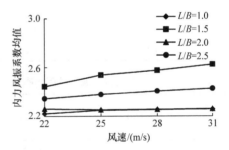

图 5.21 不同长宽比下单层柱面网壳结构模型整体位移风振系数均值随风速的变化曲线

图 5.22 不同长宽比下单层柱面网壳结构模型整体内力风振系数均值随风速的变化曲线

5. 单层柱面网壳结构风振系数计算公式回归分析

计算结构风振系数可知，尽管结构不同区域的风振系数存在一定的离散性，但删去风振系数的奇点后，其变化范围为 1.6~5.0。而这样的数据量仍然很大，不便为工程设计人员服务，因此本节在对结构节点位移风振系数和单元内力风振系数进行统计的基础上计算结构的整体位移和内力风振系数，同时使其符合结构工程可靠度的统计特性。为此，将基于概率统计理论的结构整体位移和内力风振系数按式(5.53)进行计算。

表 5.15 和表 5.16 分别为结构节点位移风振系数均值和单元内力风振系数均值,表 5.17 和表 5.18 分别为结构节点位移风振系数均方差和单元内力风振系数均方差，表 5.19 和表 5.20 分别为根据式(5.53)计算而得的结构整体位移风振系数和整体内力风振系数。

表 5.15　单层柱面网壳结构模型节点位移风振系数均值

长宽比(L/B)	矢跨比(f/B)			
	0.1	0.15	0.25	0.35
1.0	2.907	3.185	2.326	2.439
1.5	2.802	3.011	2.147	2.120
2.0	2.600	2.599	2.254	2.302
2.5	2.514	2.695	2.267	2.408

表 5.16　单层柱面网壳结构模型单元内力风振系数均值

长宽比(L/B)	矢跨比(f/B)			
	0.1	0.15	0.25	0.35
1.0	0.848	0.8513	0.795	1.059
1.5	0.623	0.617	0.619	0.722
2.0	0.515	0.685	0.649	0.906
2.5	0.559	0.446	0.605	0.887

表 5.17　单层柱面网壳结构模型节点位移风振系数均方差

长宽比(L/B)	矢跨比(f/B)			
	0.1	0.15	0.25	0.35
1.0	2.453	2.516	2.429	2.35
1.5	2.543	2.619	2.245	2.371
2.0	2.504	2.488	2.263	2.261
2.5	2.514	2.71	2.271	2.221

表 5.18　单层柱面网壳结构模型单元内力风振系数均方差

长宽比(L/B)	矢跨比(f/B)			
	0.1	0.15	0.25	0.35
1.0	0.751	0.679	0.718	0.654
1.5	0.760	0.713	0.598	0.767
2.0	0.746	0.726	0.712	0.822
2.5	0.791	0.654	0.719	0.709

表 5.19　单层柱面网壳结构模型整体位移风振系数

长宽比(L/B)	矢跨比(f/B)			
	0.1	0.15	0.25	0.35
1.0	4.301	4.589	3.644	4.182
1.5	3.827	4.025	3.165	3.308
2.0	3.446	3.727	3.321	3.792
2.5	3.433	3.428	3.262	3.867

表 5.20　单层柱面网壳结构模型整体内力风振系数

长宽比(L/B)	矢跨比(f/B)			
	0.1	0.15	0.25	0.35
1.0	3.688	3.632	3.611	3.427
1.5	3.792	3.792	3.229	3.633
2.0	3.732	3.681	3.434	3.614
2.5	3.849	3.786	3.454	3.387

回归分析是处理变量之间相关关系的一种数理统计分析方法。基于上述参数分析，运用数理统计学中的回归分析方法将因变量整体位移风振系数(β_D)、整体内力风振系数(β_N)进行自变量矢跨比(f/B)和长宽比(L/B)的非线性回归计算，置信度均设为 95%。回归分析的相关指标为：复相关系数(multiple r)各为 0.980、0.991，判定系数(r square)各为 0.960、0.983，调整后的判定系数(adjusted r square)各为 0.877、0.903，表明回归方程中因变量与自变量的关系为高度相关。方差分析表中 F 检验的显著水平(significance F)各为 0.000、0.000，均小于 $\alpha = 0.05$，表明所得结果为拒绝因变量与自变量间无回归关系存在的假设，即整体风振系数与上述各参量间有明显回归关系存在，拟合出结构整体风振系数计算公式为

$$\begin{cases} \beta_D = 16.345(f/B) + 1.900(L/B) - 8.579(f/B) \times (L/B) \\ \beta_N = 13.931(f/B) + 2.016(L/B) - 7.895(f/B) \times (L/B) \end{cases} \tag{5.55}$$

式中，f/B 为结构矢跨比；L/B 为结构长宽比。

整体来看，删除风振系数奇点后，结构的位移和内力风振系数分布较均匀，因此建议在实际工程中结构的整体位移和内力风振系数可分别取为 3.7、3.6。

5.4　单层球面网壳结构风致倒塌参数分析

5.4.1　单层球面网壳结构计算模型

计算模型分别选取跨度 $l = 40$m，矢跨比 $f/l = 0.2$、0.3、0.4、0.5 的 K6 型单层

球面网壳结构。图 5.23 中的网壳结构矢跨比 $f/l = 0.5$，周边三向固接于 10m 高的承台上。杆件为无缝钢管ϕ114mm × 4mm，球节点为焊接球 WS350mm × 10mm。在分析中屋面荷载和结构自重根据对应的质量简化为集中质量分布于网壳各节点上。材料采用 Q235 钢，密度$\rho = 7850$kg/m³，材料模型采用理想弹塑性模型，屈服强度 $f_y = 235$MPa，弹性模量 $E = 210$GPa，泊松比$\nu = 0.26$，屈服准则采用米泽斯屈服准则，强化准则采用 BISO 双线性等向强化准则。

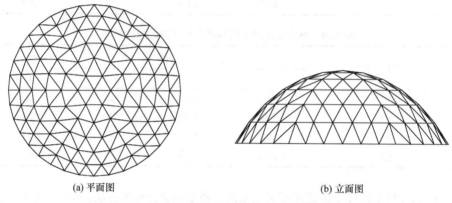

(a) 平面图　　　　　　　　　　　　　　(b) 立面图

图 5.23　矢跨比为 0.5 的单层球面网壳结构平面图和立面图

5.4.2　矢跨比对单层球面网壳结构风致动力倒塌的影响

1. 矢跨比为 0.2 的单层球面网壳结构风致弹塑性静动力破坏分析

以跨度为 40m、矢高为 8m、矢跨比为 0.2 的球面网壳结构模型为研究对象，假设杆件为弹塑性材料。结构的第一自振频率 $f_1 = 7.0871$Hz，结构的第三自振频率 $f_3 = 7.5837$Hz。Rayleigh 阻尼模型中质量阻尼系数$\alpha = 0.9207$，刚度阻尼系数$\beta = 0.0004$。结构的其他参数保持不变。利用非线性动力分析程序，采用试算法计算结构在各级风荷载作用下的非线性动力响应。图 5.24 为标准风速为 25.3m/s 时由内向外第二环节点 4 的风速时程曲线。图 5.25 为网壳结构的风速-位移曲线。

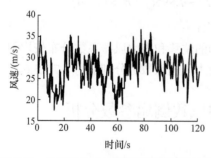

图 5.24　矢跨比为 0.2 的单层球面网壳结构
节点 4 的风速时程曲线

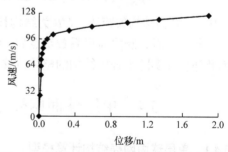

图 5.25　矢跨比为 0.2 的单层球面网壳结构的
风速-位移曲线

　　分析结果表明,失稳前各级风荷载(即不同风速对应的荷载)作用下最大 Z 向位移始终发生在球壳顶部风吸区节点 4 上。由图 5.25 可知,当风速较小时,结构位移很小,位移随荷载呈线性增长关系,结构振动完全处于弹性状态。当风速为 95.9m/s(对应的标准风速为 73.8m/s,下同)时,节点振动平衡位置开始平移,振幅逐渐增大,其风速-位移曲线出现拐点,说明此时结构动力破坏趋势明显。根据 Budiansky-Roth 判定准则,取风速-位移曲线趋于平缓时所对应的风速为该结构的动力破坏临界风速,其值大小约为 95.9m/s(73.8m/s)。95.9m/s(73.8m/s)以后结构通过自身变形能吸收风振能量,由于风荷载的往复作用和构件的弹性卸载,结构切线刚度矩阵恢复正定,节点在新的平衡位置继续振动,结构的承载能力继续增加。随着风速的逐渐增大,失稳点周围的节点相继失效破坏,或在远离该失效破坏点的区域出现新的失效破坏点,形成多个局部失效破坏区域,当风速达到 101.4m/s(78.0m/s)时,结构的局部失效破坏区域进一步扩大,进而形成整体动力失效破坏。图 5.26 为不同最大风速下节点 4 的位移时程曲线,图 5.27 为不同最大风速下网壳结构的平面和立面变形图。

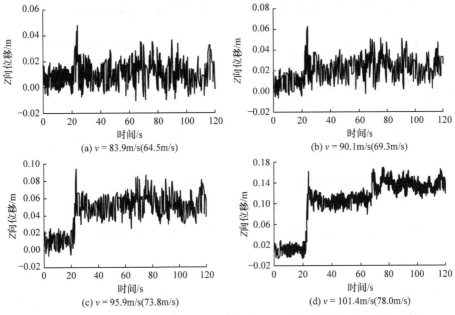

图 5.26　不同最大风速下矢跨比为 0.2 的单层球面网壳结构节点 4 的位移时程曲线

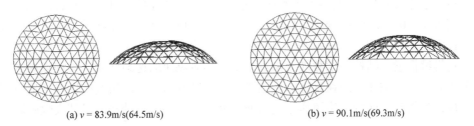

(a) v = 83.9m/s(64.5m/s)　　　　　　　　　　　(b) v = 90.1m/s(69.3m/s)

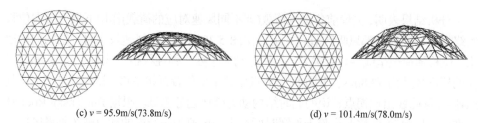

(c) $v = 95.9\text{m/s}(73.8\text{m/s})$ 　　　　　　　　(d) $v = 101.4\text{m/s}(78.0\text{m/s})$

图 5.27　不同最大风速下矢跨比为 0.2 的单层球面网壳结构平面和立面变形图

2. 矢跨比为 0.3 的单层球面网壳结构风致弹塑性静动力破坏分析

以跨度为 40m、矢高为 12m、矢跨比为 0.3 的单层球面网壳结构模型为研究对象，假设杆件为弹塑性材料。结构的第一自振频率 $f_1 = 8.0347\text{Hz}$，结构的第三自振频率 $f_3 = 9.2054\text{Hz}$。Rayleigh 阻尼模型中质量阻尼系数 $\alpha = 1.0782$，刚度阻尼系数 $\beta = 0.0004$。结构的其他参数保持不变。利用非线性动力分析程序，采用试算法计算结构在各级风荷载作用下的非线性动力响应。图 5.28 为标准风速为 25.3m/s 时由内向外第三环节点 9 的风速时程曲线。图 5.29 为网壳结构的风速-位移曲线。

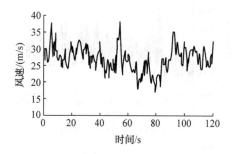

图 5.28　矢跨比为 0.3 的单层球面网壳结构　　　图 5.29　矢跨比为 0.3 的单层球面网壳结构的
　　　　　　节点 9 的风速时程曲线　　　　　　　　　　　　　　风速-位移曲线

分析结果表明，失稳前各级风荷载作用下最大 Z 向位移始终发生在球壳顶部风吸区节点 9 上。由图 5.29 可知，当风速较小时，结构位移很小，位移随风速呈线性增长关系，结构振动完全处于弹性状态。当风速为 101.4m/s(78.0m/s)时，节点振动平衡位置开始平移，振幅逐渐增大，其风速-位移曲线出现拐点，说明此时结构动力破坏趋势明显，根据 Budiansky-Roth 判定准则，取风速-位移曲线趋于平缓时所对应的风速为该结构的动力破坏临界风速，其值大小约为 101.4m/s(78.0m/s)。风速大于 101.4m/s(78.0m/s)以后结构通过自身变形能吸收风振能量，由于风荷载的往复作用以及构件的弹性卸载，结构切线刚度矩阵恢复正定，节点在新的平衡位置继续振动，结构的承载能力继续增加。随着风速的逐渐增大，失稳点周围的节点相继失效破坏，或在远离该失效破坏点的区域出现新的失效破坏点，形成多个局部失效破坏区域，当风速达到 106.6m/s(82.0m/s)时，结构的局部失效破坏区域进一步扩大，进而形成整体动力失效破坏。图 5.30 为不同最大风速下节点 9 的位移时程曲线，图 5.31 为不同最大风速下网壳结构的平面和立面变形图。

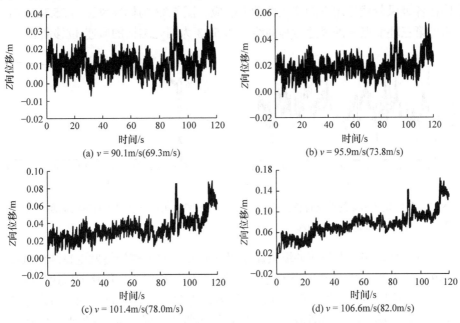

(a) $v = 90.1\mathrm{m/s}(69.3\mathrm{m/s})$　　　　　(b) $v = 95.9\mathrm{m/s}(73.8\mathrm{m/s})$

(c) $v = 101.4\mathrm{m/s}(78.0\mathrm{m/s})$　　　　　(d) $v = 106.6\mathrm{m/s}(82.0\mathrm{m/s})$

图 5.30　不同最大风速下矢跨比为 0.3 的单层球面网壳结构节点 9 的位移时程曲线

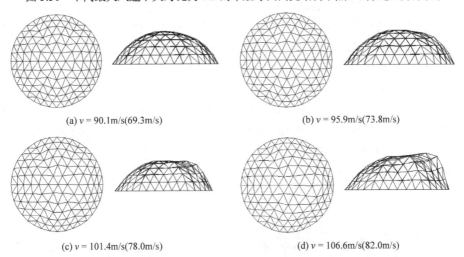

(a) $v = 90.1\mathrm{m/s}(69.3\mathrm{m/s})$　　　　　(b) $v = 95.9\mathrm{m/s}(73.8\mathrm{m/s})$

(c) $v = 101.4\mathrm{m/s}(78.0\mathrm{m/s})$　　　　　(d) $v = 106.6\mathrm{m/s}(82.0\mathrm{m/s})$

图 5.31　不同最大风速下矢跨比为 0.3 的单层球面网壳结构平面和立面变形图

3. 矢跨比为 0.4 的单层球面网壳结构风致弹塑性静动力破坏分析

以跨度为 40m、矢高为 16m、矢跨比为 0.4 的球面网壳结构模型为研究对象，假设杆件为弹塑性材料。结构的第一自振频率 $f_1 = 7.3055\mathrm{Hz}$，结构的第三自振频

率 f_3 = 9.6008Hz。Rayleigh 阻尼模型中质量阻尼系数 α = 1.0427，刚度阻尼系数 β = 0.0004。结构的其他参数保持不变。利用非线性动力分析程序，采用试算法计算结构在各级风荷载作用下的非线性动力响应。图 5.32 为标准风速为 25.3m/s 时由内向外第三环节点 9 的风速时程曲线。图 5.33 为网壳结构的风速-位移曲线。

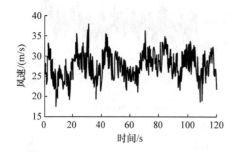

图 5.32　矢跨比为 0.4 的单层球面网壳结构　　　图 5.33　矢跨比为 0.4 的单层球面网壳结构
　　　　　节点 9 的风速时程曲线　　　　　　　　　　　　　的风速-位移曲线

　　分析结果表明，失稳前各级风速作用下最大 X 向位移始终发生在结构风吸区节点 9 上。由图 5.33 可知，当风速较小时，结构位移很小，位移随风速呈线性增长关系，结构振动完全处于弹性状态。当风速为 98.7m/s(75.9m/s)时，节点振动平衡位置开始平移，振幅逐渐增大，其风速-位移曲线出现拐点，说明此时结构动力破坏趋势明显，根据 Budiansky-Roth 判定准则，取风速-位移曲线趋于平缓时所对应的风速为该结构的动力破坏临界风速，其值大小约为 98.7m/s(75.9m/s)。风速大于 98.7m/s(75.9m/s)以后结构通过自身变形能吸收风振能量，由于风荷载的往复作用以及构件的弹性卸载，结构切线刚度矩阵恢复正定，节点在新的平衡位置继续振动，结构的承载能力继续增加。随着风速的逐渐增大，失稳点周围的节点相继失效破坏，或在远离该失效破坏点的区域出现新的失效破坏点，形成多个局部失效破坏区域，当风速达到 106.6m/s(82.0m/s)时，结构的局部失效破坏区域进一步扩大，进而形成整体动力破坏。图 5.34 为不同最大风速下节点 9 的位移时程曲线，图 5.35 为不同最大风速下网壳结构的平面和立面变形图。

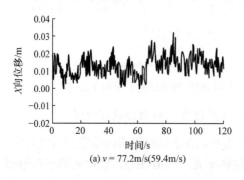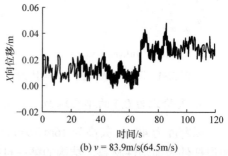

(a) v = 77.2m/s(59.4m/s)　　　　　　　　　　(b) v = 83.9m/s(64.5m/s)

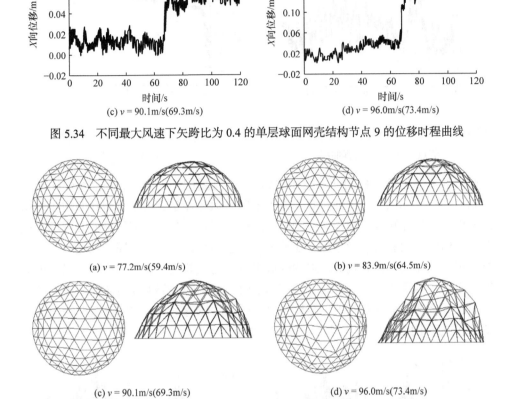

图 5.34　不同最大风速下矢跨比为 0.4 的单层球面网壳结构节点 9 的位移时程曲线

(a) $v = 77.2$m/s(59.4m/s)　　　　　　(b) $v = 83.9$m/s(64.5m/s)

(c) $v = 90.1$m/s(69.3m/s)　　　　　　(d) $v = 96.0$m/s(73.4m/s)

图 5.35　不同最大风速下矢跨比为 0.4 的单层球面网壳结构平面和立面变形图

4. 矢跨比为 0.5 的单层球面网壳结构风致弹塑性静动力破坏分析

以跨度为 40m、矢高为 20m、矢跨比为 0.5 的单层球面网壳结构模型为研究对象，假设杆件为弹塑性材料。结构的第一自振频率 $f_1 = 6.0444$Hz，结构的第三自振频率 $f_3 = 9.2258$Hz。Rayleigh 阻尼模型中质量阻尼系数 $\alpha = 0.9178$，刚度阻尼系数 $\beta = 0.0004$。结构的其他参数保持不变。利用非线性动力分析程序，采用试算法计算结构在各级风荷载作用下的非线性动力响应。图 5.36 为标准风速为 25.3m/s 时由外向内第二环节点 77 的风速时程曲线。图 5.37 为网壳结构的风速-位移曲线。

分析结果表明，失稳前各级风速作用下最大 X 向位移始终发生在顺风向风压区节点 77 上。由图 5.37 可知，当风速较小时，结构位移很小，位移随风速呈线性增长关系，结构振动完全处于弹性状态。当风速为 87.0m/s(66.9m/s)时，节点振动平衡位置开始平移，振幅逐渐增大，其风速-位移曲线出现拐点，说明此时结构动力破坏趋势明显，根据 Budiansky-Roth 判定准则，取风速-位移曲线趋于平缓时

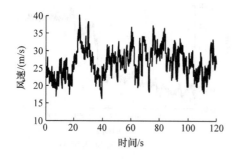

图 5.36　矢跨比为 0.5 的单层球面网壳结构　　　图 5.37　矢跨比为 0.5 的单层球面网壳结构的
　　　　　节点 77 的风速时程曲线　　　　　　　　　　　　　　风速-位移曲线

所对应的风速为该结构的动力破坏临界风速,其值大小约为 87.0m/s(66.9m/s)。
87.0m/s(66.9m/s)以后结构通过自身变形能吸收风振能量,由于风荷载的往复作用
以及构件的弹性卸载,结构切线刚度矩阵恢复正定,节点在新的平衡位置继续振
动,结构的承载能力继续增加。随着风速的逐渐增大,失稳点周围的节点相继失
效破坏,或在远离该失效破坏点的区域出现新的失效破坏点,形成多个局部失效
破坏区域,当风速达到 114.0m/s(87.7m/s)时,结构的局部失效破坏区域进一步扩
大,进而形成整体动力破坏。图 5.38 为不同最大风速下节点 77 的位移时程曲线,
图 5.39 为不同最大风速下网壳结构的平面和立面变形图。

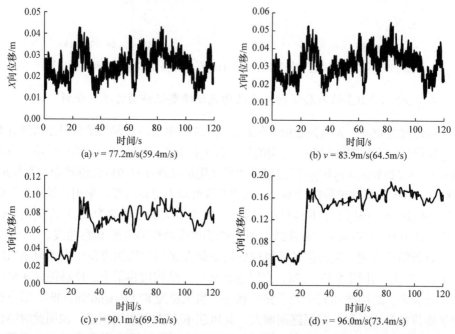

(a) $v = 77.2$m/s(59.4m/s)　　　　　　　　　　(b) $v = 83.9$m/s(64.5m/s)

(c) $v = 90.1$m/s(69.3m/s)　　　　　　　　　　(d) $v = 96.0$m/s(73.4m/s)

图 5.38　不同最大风速下矢跨比为 0.5 的单层球面网壳结构节点 77 的位移时程曲线

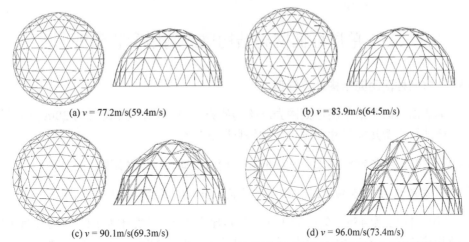

(a) $v = 77.2\text{m/s}(59.4\text{m/s})$　　　　　　　(b) $v = 83.9\text{m/s}(64.5\text{m/s})$

(c) $v = 90.1\text{m/s}(69.3\text{m/s})$　　　　　　　(d) $v = 96.0\text{m/s}(73.4\text{m/s})$

图 5.39　不同最大风速下矢跨比为 0.5 的单层球面网壳结构平面和立面变形图

5. 不同矢跨比对单层球面网壳结构风致弹塑性动力破坏的影响

矢跨比一方面是影响结构受力性能的重要构造参数，主要体现为结构对屈曲模态和稳定承载力的影响；另一方面直接表现为风荷载体型系数和风压高度变化系数分布的变化，矢跨比为 0.4、0.5 时结构的迎风面部分为风压区，部分为风吸区，背风面全部为风吸区；矢跨比为 0.2、0.3 时结构全为风吸区。取跨度为 40m，矢跨比分别为 0.2、0.3、0.4、0.5 的网壳结构，分析三维风荷载下网壳结构的动力破坏过程。图 5.40 为不同矢跨比情况下考虑初始几何缺陷网壳结构的风速-位移曲线，当矢跨比小于 1/3 时，结构稳定承载力随着矢跨比的增大而增大；当矢跨比大于 1/3 时，结构稳定承载力随着矢跨比的增大反而减小。综合已有文献与本节研究结果表明，结构整体刚度在矢跨比为 0.3 时出现峰值，减小或增大时整体刚度均降低。总体来看，网壳结构的动力破坏临界风速随矢跨比的变化不显著，矢跨比为 0.3 和 0.4 的动力破坏临界风速十分接近，矢跨比为 0.4 和 0.5 的动力破坏临界风速相差最大，为11.9%，如图 5.41 所示。

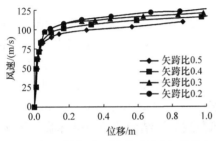

图 5.40　不同矢跨比情况下考虑初始几何
缺陷网壳结构的风速-位移曲线

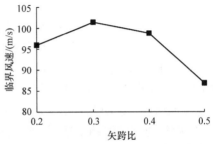

图 5.41　单层球面网壳结构动力破坏临界
风速随矢跨比变化曲线

5.5　单层柱面网壳结构风致倒塌参数分析

5.5.1　单层柱面网壳结构计算模型

本节以三向网格单层柱面网壳结构为研究对象,计算模型跨度为30m保持不变。该计算模型几何尺寸和设计荷载信息同5.3节。

5.5.2　矢跨比和长宽比对单层柱面网壳结构风致动力倒塌的影响

1. 矢跨比为0.15的单层柱面网壳结构风致弹塑性静动力破坏分析

以纵向长度为45m、矢高为4.5m、矢跨比为0.15、长宽比为1.5的单层柱面网壳结构模型为研究对象,假设杆件为弹塑性材料。结构的第一自振频率 $f_1 = 1.2578$Hz,第三自振频率 $f_3 = 2.1452$Hz。Rayleigh阻尼模型中质量阻尼系数 $\alpha = 0.1993$,刚度阻尼系数 $\beta = 0.0019$。结构的其他参数保持不变。利用非线性动力分析程序,采用试算法计算结构在各级风荷载作用下的非线性动力响应。图5.42为标准风速为31m/s时单层柱面网壳结构节点91的风速时程曲线。图5.43为网壳结构的风速-位移曲线。

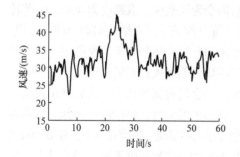

图5.42　矢跨比为0.15的单层柱面网壳结构　　图5.43　矢跨比为0.15的单层柱面网壳结构
　　　　节点91的风速时程曲线　　　　　　　　　　　　的风速-位移曲线

分析结果表明,失稳前各级风速作用下最大 Z 向位移始终发生在结构节点91上。由图5.43可知,当风速较小时,结构位移很小,位移随风速呈线性增长关系,结构振动完全处于弹性状态。当风速为 199.5m/s(对应的标准风速为153.4m/s,下同)时,节点振动平衡位置开始平移,振幅逐渐增大,其风速-位移曲线出现拐点,说明此时结构动力破坏趋势明显。根据 Budiansky-Roth 判定准则,取风速-位移曲线趋于平缓时所对应的风荷载为该结构的动力破坏临界风速,其值大小约为 199.5m/s(153.4m/s)。风速大于 199.5m/s(153.4m/s)以后结构通过自身变形能吸收风振能量,由于风荷载的往复作用和构件的弹性卸载,结构切线刚度矩阵恢复正定，节点在新的平衡位置继续振动，结构的承载能力继续增加。随着风速的逐渐增大，失稳点周围的节点相继失效破坏，或在远离该失效破坏点的区域出现新的失效破坏点，形成多个局部失效破坏区域，当风速达到 209.4m/s (161.1m/s)时，结构的局部失效破坏区域进一步扩大，进而形成整体动力失效破坏。图 5.44 为不同最大风速下节点 91 的位移时程曲线，图 5.45 为不同最大风速下网壳结构的平面、侧面和立面变形图。

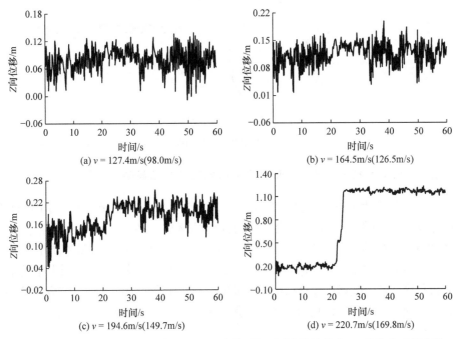

图 5.44　不同最大风速下矢跨比为 0.15 的单层柱面网壳结构节点 91 的位移时程曲线

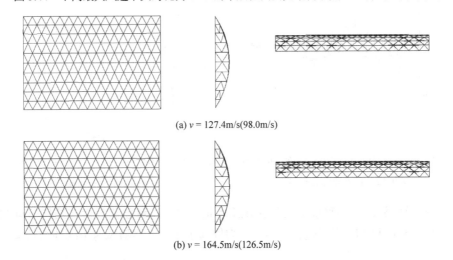

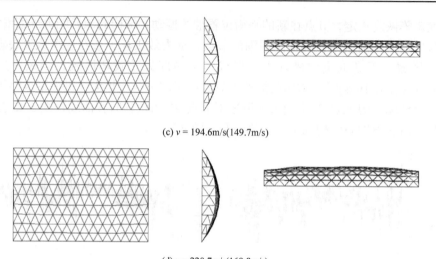

(c) $v = 194.6\text{m/s}(149.7\text{m/s})$

(d) $v = 220.7\text{m/s}(169.8\text{m/s})$

图 5.45　不同最大风速下矢跨比为 0.15 的单层柱面网壳结构平面、侧面和立面变形图

2. 矢跨比为 0.25 的单层柱面网壳结构风致弹塑性静动力破坏分析

以纵向长度为 45m、矢高为 7.5m、矢跨比为 0.25、长宽比为 1.5 的单层柱面网壳结构模型为研究对象，假设杆件为弹塑性材料。结构的第一自振频率 $f_1 = 1.3479\text{Hz}$，结构的第三自振频率 $f_3 = 2.3109\text{Hz}$。Rayleigh 阻尼模型中质量阻尼系数 $\alpha = 0.2140$，刚度阻尼系数 $\beta = 0.0017$。结构的其他参数保持不变。利用非线性动力分析程序，采用试算法计算结构在各级风荷载作用下的非线性动力响应。图 5.46 为标准风速为 31m/s 时结构节点 124 的风速时程曲线。图 5.47 为网壳结构的风速-位移曲线。

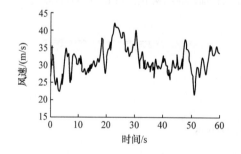

图 5.46　矢跨比为 0.25 的单层柱面网壳结构　　图 5.47　矢跨比为 0.25 的单层柱面网壳结构
　　　　节点 124 的风速时程曲线　　　　　　　　　　　的风速-位移曲线

分析结果表明，失稳前各级风速作用下最大 Z 向位移始终发生在结构节点 124 上。由图 5.47 可知，当风速较小时，结构位移很小，位移随风速呈线性增长关系，

结构振动完全处于弹性状态。当风速为 115.2m/s(88.6m/s)时，节点振动平衡位置开始平移，振幅逐渐增大，其风速-位移曲线出现拐点，说明此时结构动力破坏趋势明显。根据 Budiansky-Roth 判定准则，取风速-位移曲线趋于平缓时所对应的风速为该结构的动力破坏临界风速，其值约为 115.2m/s (88.6m/s)。风速大于 115.2m/s (88.6m/s)以后结构通过自身变形能吸收风振能量，由于风荷载的往复作用以及构件的弹性卸载，结构切线刚度矩阵恢复正定，节点在新的平衡位置继续振动，结构的承载能力继续增加。随着风速的逐渐增大，失稳点周围的节点相继失效破坏，或在远离该失稳点的区域出现新的失稳点，形成多个局部失效破坏区域，当风速达到 122.0m/s(93.8m/s)时，结构的局部失效破坏区域进一步扩大，进而形成整体动力失效破坏。图 5.48 为不同最大风速下节点 124 的位移时程曲线，图 5.49 为不同最大风速下网壳结构的平面、侧面和立面变形图。

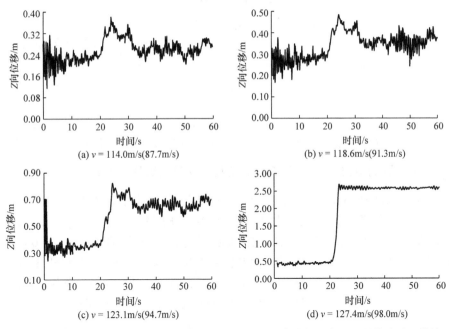

图 5.48　不同最大风速下矢跨比为 0.25 的单层柱面网壳结构节点 124 的位移时程曲线

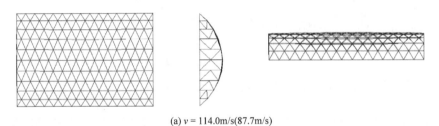

(a) v = 114.0m/s(87.7m/s)

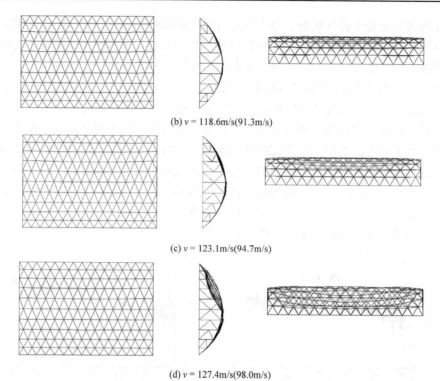

(b) $v = 118.6\text{m/s}(91.3\text{m/s})$

(c) $v = 123.1\text{m/s}(94.7\text{m/s})$

(d) $v = 127.4\text{m/s}(98.0\text{m/s})$

图 5.49　不同最大风速下矢跨比为 0.25 的单层柱面网壳结构平面、侧面和立面变形图

3. 矢跨比为 0.35 的单层柱面网壳结构风致弹塑性静动力破坏分析

以纵向长度为 45m、矢高为 10.5m、矢跨比为 0.35、长宽比为 1.5 的单层柱面网壳结构模型为研究对象,假设杆件为弹塑性材料。结构的第一自振频率 $f_1 = 1.3149\text{Hz}$,结构的第三自振频率 $f_3 = 2.0189\text{Hz}$。Rayleigh 阻尼模型中质量阻尼系数 $\alpha = 0.2001$,刚度阻尼系数 $\beta = 0.0019$。结构的其他参数保持不变。利用非线性动力分析程序,采用试算法计算结构在各级风速作用下的非线性动力响应。图 5.50 为标准风速为 31m/s 时结构节点 124 的风速时程曲线。图 5.51 为网壳结构的风速-位移曲线。

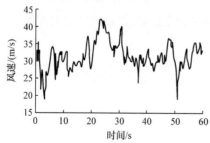

图 5.50　矢跨比为 0.35 的单层柱面网壳结构
节点 124 的风速时程曲线

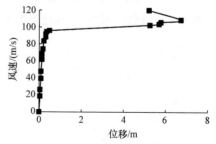

图 5.51　矢跨比为 0.35 的单层柱面网壳结构
的风速-位移曲线

　　分析结果表明,失稳前各级风速作用下最大 Z 向位移始终发生在结构节点 124 上。由图 5.51 可知,当风速较小时,结构位移很小,位移随风速呈线性增长关系,结构振动完全处于弹性状态。当风速为 95.9m/s(73.4m/s)时,节点振动平衡位置开始平移,振幅逐渐增大,其风速-位移曲线出现拐点,说明此时结构动力破坏趋势明显,根据 Budiansky-Roth 判定准则,取风速-位移曲线趋于平缓时所对应的风荷载为该结构的动力破坏临界风速,其值约为 95.9m/s(73.4m/s)。风速大于 95.9m/s(73.4m/s)以后结构通过自身变形能吸收风振能量,由于风荷载的往复作用和构件的弹性卸载,结构切线刚度矩阵恢复正定,节点在新的平衡位置继续振动,结构的承载能力继续增加。随着风速的逐渐增大,失稳点周围的节点相继失效破坏,或在远离该失效破坏点的区域出现新的失效破坏点,形成多个局部失效破坏区域,当风速达到 106.6m/s(82.0m/s)时,结构的局部失效破坏区域进一步扩大,进而形成整体动力失效破坏。图 5.52 为不同最大风速下节点 124 的位移时程曲线,图 5.53 为不同最大风速下网壳结构的平面、侧面和立面变形图。

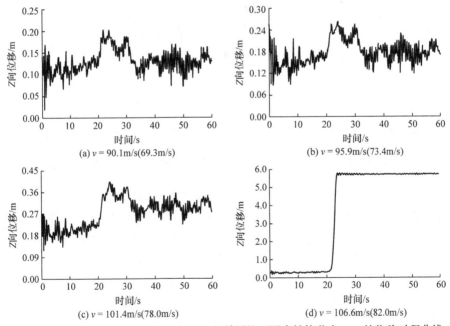

图 5.52　不同最大风速下矢跨比为 0.35 的单层柱面网壳结构节点 124 的位移时程曲线

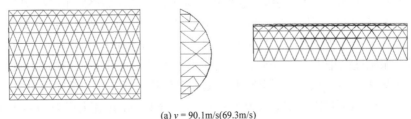

(a) $v = 90.1$m/s(69.3m/s)

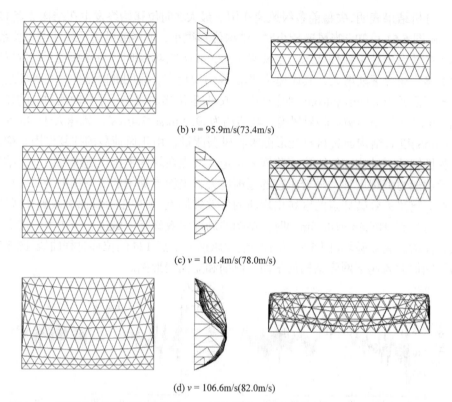

(b) $v = 95.9\text{m/s}(73.4\text{m/s})$

(c) $v = 101.4\text{m/s}(78.0\text{m/s})$

(d) $v = 106.6\text{m/s}(82.0\text{m/s})$

图 5.53　不同最大风速下矢跨比为 0.35 的单层柱面网壳结构平面、侧面和立面变形图

4. 矢跨比为 0.45 的单层柱面网壳结构风致弹塑性静动力破坏分析

以纵向长度为 45m、矢高为 13.5m、矢跨比为 0.45、长宽比为 1.5 的单层柱面网壳结构模型为研究对象，假设杆件为弹塑性材料。结构的第一自振频率 $f_1 = 1.2089\text{Hz}$，结构的第三自振频率 $f_3 = 1.7966\text{Hz}$。Rayleigh 阻尼模型中质量阻尼系数 $\alpha = 0.1816$，刚度阻尼系数 $\beta = 0.0021$。结构的其他参数保持不变。利用非线性动力分析程序，采用试算法计算结构在各级风荷载作用下的非线性动力响应。图 5.54 为标准风速为 31m/s 时结构节点 124 的风速时程曲线。图 5.55 为网壳结构的风速-位移曲线。

分析结果表明,失稳前各级风速作用下最大 Z 向位移始终发生在结构节点 124 上。由图 5.55 可知，当风速较小时，结构位移很小，位移随风速呈线性增长关系，结构振动完全处于弹性状态。当风速为 75.3m/s(56.0m/s)时，节点振动平衡位置开始平移，振幅逐渐增大，其风速-位移曲线出现拐点，说明此时结构动力破坏趋势明显，根据 Budiansky-Roth 判定准则，取风速-位移曲线趋于平缓时所对应的风速为该结构的动力破坏临界风速,其值约为 75.3m/s(56.0m/s)。风速大于 75.3m/s(56.0m/s)

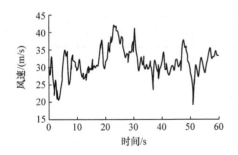

图 5.54　矢跨比为 0.45 的单层柱面网壳结构节点 124 的风速时程曲线　　图 5.55　矢跨比为 0.45 的单层柱面网壳结构的风速-位移曲线

以后结构通过自身变形能吸收风振能量，由于风荷载的往复作用和构件的弹性卸载，结构切线刚度矩阵恢复正定，节点在新的平衡位置继续振动，结构的承载能力继续增加。随着风速的逐渐增大，失稳点周围的节点相继失效破坏，或在远离该失效破坏点的区域出现新的失效破坏点，形成多个局部失效破坏区域，当风速达到 80.6m/s(62.0m/s)时，结构的局部失效破坏区域进一步扩大，进而形成整体动力失效破坏。图 5.56 为不同最大风速下节点 124 的位移时程曲线，图 5.57 为不同最大风速下网壳结构的平面、侧面和立面变形图。

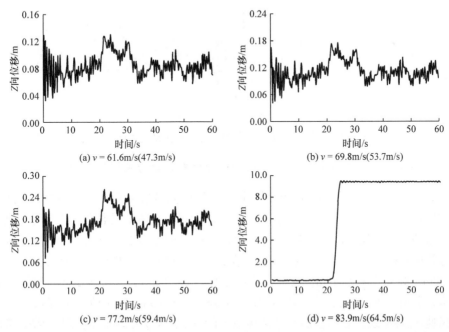

图 5.56　不同最大风速下矢跨比为 0.45 的单层柱面网壳结构节点 124 的位移时程曲线

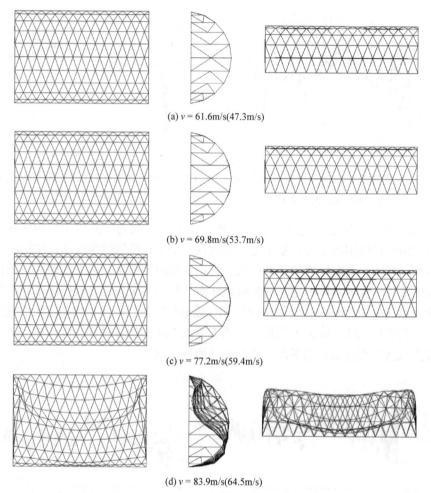

(a) $v = 61.6\text{m/s}(47.3\text{m/s})$

(b) $v = 69.8\text{m/s}(53.7\text{m/s})$

(c) $v = 77.2\text{m/s}(59.4\text{m/s})$

(d) $v = 83.9\text{m/s}(64.5\text{m/s})$

图 5.57　不同最大风速下矢跨比为 0.45 的单层柱面网壳结构平面、侧面和立面变形图

5. 不同矢跨比对单层柱面网壳结构风致弹塑性动力破坏的影响

矢跨比一方面是影响结构受力性能的重要构造参数，主要体现为结构对屈曲模态和稳定承载能力的影响；另一方面直接表现为风荷载体型系数和风压高度变化系数分布的变化。矢跨比为 0.45、0.35、0.25、0.15 时结构的迎风面部分为风压区，部分为风吸区，背风面全部为风吸区；矢跨比为 0.15 时结构全为风吸区。取宽度为 30m，纵向长度为 45m，矢跨比分别为 0.45、035、0.25、0.15 的单层柱面网壳结构，分析三维风荷载下结构的动力破坏过程。图 5.58 为不同矢跨比情况下结构的风速-位移曲线，表明柱面网壳结构在风荷载下的动力破坏临界风速随着矢跨比的不断增大而逐渐减小。其中，矢跨比为 0.25 的动力破坏临界风速比矢跨比为 0.15 的下降了 42.3%，矢跨比为 0.35 的比矢跨比为 0.25 下降了 16.8%，矢跨比为 0.45

的比矢跨比为 0.35 的下降了 21.5%，如图 5.59 所示。模态分析表明，单层柱面网壳结构整体刚度随着矢跨比的不断增大逐渐减弱。这说明风压区的存在会显著降低柱面网壳结构在风荷载下的动力破坏极限承载能力，而且随着矢跨比的增大风压区不断增多，结构动力失稳的可能性增大，表现为结构的动力破坏极限承载能力不断降低，但降低的幅度会随着矢跨比的增大而明显趋缓。

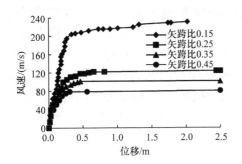

图 5.58　不同矢跨比单层柱面网壳结构
　　　　的风速-位移曲线

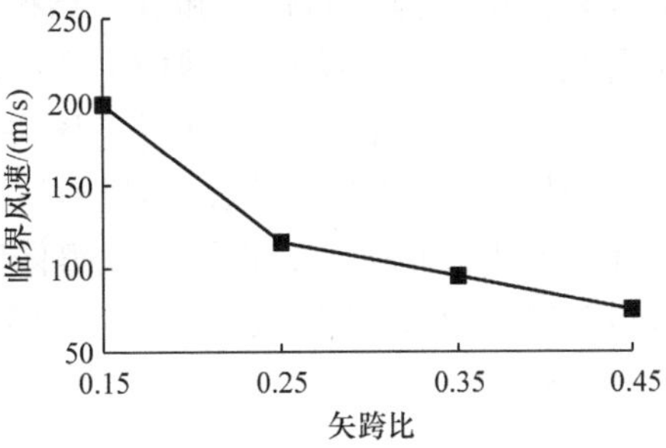

图 5.59　单层柱面网壳结构动力破坏临界
　　　　风速随矢跨比的变化曲线

6. 长宽比为 1.0 的单层柱面网壳结构风致弹塑性静动力破坏分析

以纵向长度为 30m、矢高为 7.5m、长宽比为 1.0、矢跨比为 0.25 的单层柱面网壳结构模型为研究对象，假设杆件为弹塑性材料。结构的第一自振频率 $f_1 = 1.8281$Hz，结构的第三自振频率 $f_3 = 2.6564$Hz。Rayleigh 阻尼模型中质量阻尼系数 $\alpha = 0.2401$，刚度阻尼系数 $\beta = 0.0014$。结构的其他参数保持不变。利用非线性动力分析程序，采用试算法计算结构在各级风荷载作用下的非线性动力响应。图 5.60 为标准风速为 31m/s 时结构节点 86 的风速时程曲线。图 5.61 为网壳结构的风速-位移曲线。

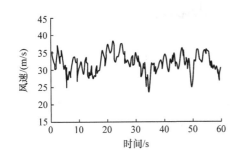

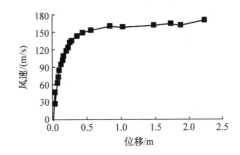

图 5.60　比宽比为 1.0 的单层柱面网壳结构
　　　　节点 86 的风速时程曲线

图 5.61　长宽比为 1.0 的单层柱面网壳结构
　　　　的风速-位移曲线

分析结果表明，失稳前各级风速作用下最大 Z 向位移始终发生在结构节点 86 上。由图 5.61 可知，当风速较小时，结构位移很小，位移随风速呈线性增长关系，结构振动完全处于弹性状态。当风速为 136.6m/s(105.1m/s)时，节点振动平衡位置开始平移，振幅逐渐增大，其风速-位移曲线出现拐点，说明此时结构动力破坏趋势明显，根据 Budiansky-Roth 判定准则，取风速-位移曲线趋于平缓时所对应的风速为该结构的动力破坏临界风速，其值约为 136.6m/s(105.1m/s)。风速大于 136.6m/s(105.1m/s)以后结构通过自身变形能吸收风振能量，由于风荷载的往复作用和构件的弹性卸载，结构切线刚度矩阵恢复正定，节点在新的平衡位置继续振动，结构的承载能力继续增加。随着风速的逐渐增大，失稳点周围的节点相继失效破坏，或在远离该失效破坏点的区域出现新的失效破坏点，形成多个局部失效破坏区域，当风速达到 158.6m/s(122.0m/s)时，结构的局部失效破坏区域进一步扩大，进而形成整体动力失效破坏。图 5.62 为不同最大风速下节点 86 的位移时程曲线，图 5.63 为不同最大风速下网壳结构的平面、侧面和立面变形图。

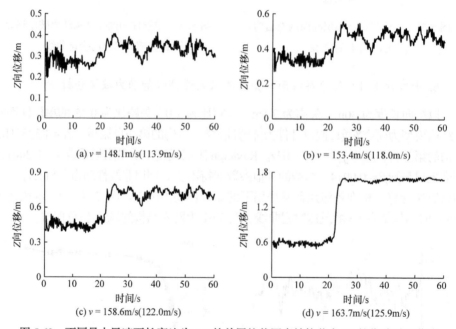

(a) $v = 148.1\text{m/s}(113.9\text{m/s})$　　　　　　　　(b) $v = 153.4\text{m/s}(118.0\text{m/s})$

(c) $v = 158.6\text{m/s}(122.0\text{m/s})$　　　　　　　　(d) $v = 163.7\text{m/s}(125.9\text{m/s})$

图 5.62　不同最大风速下长宽比为 1.0 的单层柱状网壳结构节点 86 的位移时程曲线

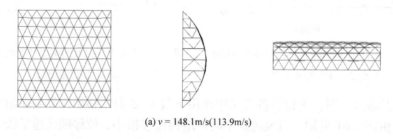

(a) $v = 148.1\text{m/s}(113.9\text{m/s})$

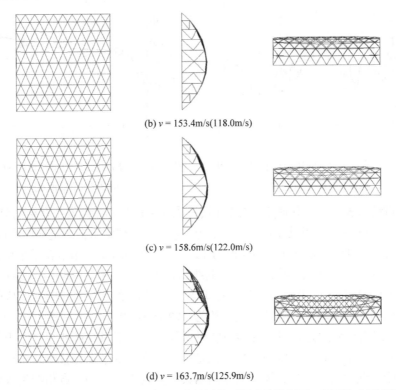

(b) $v = 153.4$m/s(118.0m/s)

(c) $v = 158.6$m/s(122.0m/s)

(d) $v = 163.7$m/s(125.9m/s)

图 5.63 不同最大风速下长宽比为 1.0 的单层柱面网壳结构平面、侧面和立面变形图

7. 长宽比为 1.5 的单层柱面网壳结构风致弹塑性静动力破坏分析

以纵向长度为 45m、矢高为 7.5m、长宽比为 1.5、矢跨比为 0.25 的单层柱面网壳结构模型为研究对象，假设杆件为弹塑性材料。计算模型的其他参数保持不变。该结构计算模型在各级风速作用下的非线性动力响应分析以及静力失效破坏分析具体过程同本节前述内容。

8. 长宽比为 2.0 的单层柱面网壳结构风致弹塑性静动力破坏分析

以纵向长度为 60m、矢高为 7.5m、长宽比为 2.0、矢跨比为 0.25 的单层柱面网壳结构模型为研究对象，假设杆件为弹塑性材料。结构的第一自振频率 $f_1 = 1.0582$Hz，结构的第三自振频率 $f_3 = 1.8313$Hz。Rayleigh 阻尼模型中质量阻尼系数 $\alpha = 0.1686$，刚度阻尼系数 $\beta = 0.0022$。结构的其他参数保持不变。利用非线性动力分析程序，采用试算法计算结构在各级风速作用下的非线性动力响应。图 5.64 为标准风速为 31m/s 时结构节点 161 的风速时程曲线。图 5.65 为网壳结构的风速-位移曲线。

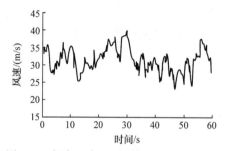

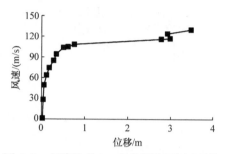

图 5.64　长宽比为 2.0 的单层柱状网壳结构
节点 161 的风速时程曲线

图 5.65　长宽比为 2.0 的单层柱面网壳结构
的风速-位移曲线

分析结果表明，失稳前各级风速作用下最大 Z 向位移始终发生在结构节点 161 上。由图 5.65 可知，当风速较小时，结构位移很小，位移随荷载呈线性增长关系，结构振动完全处于弹性状态。当风速为 102.7m/s(79.0m/s)时，节点振动平衡位置开始平移，振幅逐渐增大，其风速-位移曲线出现拐点，说明此时结构动力破坏趋势明显，根据 Budiansky-Roth 判定准则，取风速-位移曲线趋于平缓时所对应的风速为该结构的动力破坏临界风速，其值约为 102.7m/s(79.0m/s)。风速大于 102.7m/s(79.0m/s)以后结构通过自身变形能吸收风振能量，由于风荷载的往复作用和构件的弹性卸载，结构切线刚度矩阵恢复正定，节点在新的平衡位置继续振动，结构的承载能力继续增加。随着风速的逐渐增大，失稳点周围的节点相继失效破坏，或在远离该失效破坏点的区域出现新的失效破坏点，形成多个局部失效破坏区域，当风速达到 107.9m/s(83.0m/s)时，结构的局部失效破坏区域进一步扩大，进而形成整体动力失效破坏。图 5.66 为不同最大风速下节点 161 的位移时程曲线，图 5.67 为不同最大风速下网壳结构的平面、侧面和立面变形图。

9. 长宽比为 2.5 的单层柱面网壳结构风致弹塑性静动力破坏分析

以纵向长度为 75m、矢高为 7.5m、长宽比为 2.5、矢跨比为 0.25 的单层柱面网壳结构模型为研究对象，假设杆件为弹塑性材料。结构的第一自振频率 $f_1 = 0.9208$Hz，结构的第三自振频率 $f_3 = 1.5918$Hz。Rayleigh 阻尼模型中质量阻尼系数

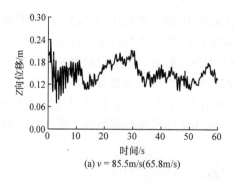

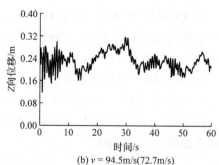

(a) $v = 85.5$m/s(65.8m/s)

(b) $v = 94.5$m/s(72.7m/s)

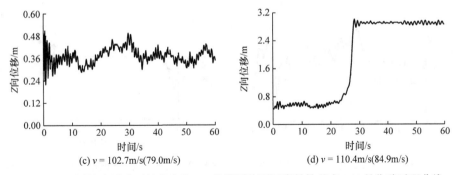

(c) $v = 102.7\text{m/s}(79.0\text{m/s})$　　　　　　(d) $v = 110.4\text{m/s}(84.9\text{m/s})$

图 5.66　不同最大风速下长宽比为 2.0 的单层柱面网壳结构节点 161 的位移时程曲线

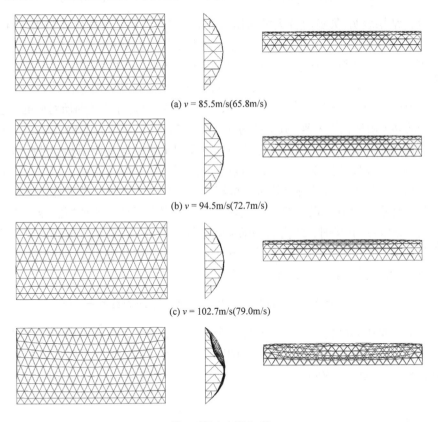

(a) $v = 85.5\text{m/s}(65.8\text{m/s})$

(b) $v = 94.5\text{m/s}(72.7\text{m/s})$

(c) $v = 102.7\text{m/s}(79.0\text{m/s})$

(d) $v = 110.4\text{m/s}(84.9\text{m/s})$

图 5.67　不同最大风速下长宽比为 2.0 的单层柱面网壳结构平面、侧面和立面变形图

$\alpha = 0.1466$，刚度阻尼系数 $\beta = 0.0025$。结构的其他参数保持不变。利用非线性动力分析程序，采用试算法计算结构在各级风速作用下的非线性动力响应。图 5.68 为标准风速为 31m/s 时结构节点 200 的风速时程曲线。图 5.69 为网壳结构的风速-位移曲线。

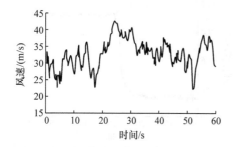

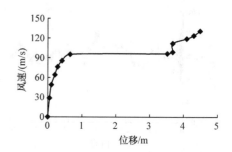

图 5.68　长宽比为 2.5 的单层柱面网壳结构　　图 5.69　长宽比为 2.5 的单层柱面网壳结构的
　　　　　节点 200 的风速时程曲线　　　　　　　　　　　　风速-位移曲线

分析结果表明,失稳前各级风速作用下最大 Z 向位移始终发生在结构节点 200 上。由图 5.69 可知,当风速较小时,结构位移很小,位移随风速呈线性增长关系,结构振动完全处于弹性状态。当风速为 85.5m/s(65.8m/s)时,节点振动平衡位置开始平移,振幅逐渐增大,其风速-位移曲线出现拐点,说明此时结构动力破坏趋势明显。根据 Budiansky-Roth 判定准则,取风速-位移曲线趋于平缓时所对应的风速为该结构的动力破坏临界风速,其值约为 85.5m/s(65.8m/s)。风速大于 85.5m/s(65.8m/s) 以后结构通过自身变形能吸收风振能量,由于风荷载的往复作用和构件的弹性卸载,结构切线刚度矩阵恢复正定,节点在新的平衡位置继续振动,结构的承载能力继续增加。随着风速的逐渐增大,失稳点周围的节点相继失效破坏,或在远离该失效破坏点的区域出现新的失效破坏点,形成多个局部失效破坏区域,当风速达到 94.5m/s(72.7m/s)时,结构的局部失效破坏区域进一步扩大,进而形成整体动力失效破坏。图 5.70 为不同最大风速下节点 200 的位移时程曲线,图 5.71 为不同最大风速下网壳结构的平面、侧面和立面变形图。

10. 不同长宽比对单层柱面网壳结构风致弹塑性动力破坏的影响

长宽比是影响结构受力性能的另一个重要构造参数,主要表现为结构对屈曲模态和稳定承载能力的影响,但对结构风荷载体型系数和风压高度变化系数分布没有影响。取宽度为 30m,矢高为 7.5m,长宽比分别为 1.0、1.5、2.0、2.5 的单

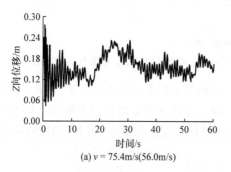

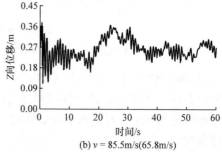

(a) $v = 75.4\text{m/s}(56.0\text{m/s})$　　　　　　　　　　(b) $v = 85.5\text{m/s}(65.8\text{m/s})$

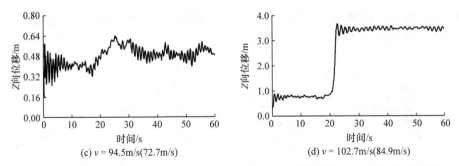

(c) $v = 94.5m/s(72.7m/s)$　　　　　(d) $v = 102.7m/s(84.9m/s)$

图 5.70　不同最大风速下长宽比为 2.5 的单层柱面网壳结构节点 200 的位移时程曲线

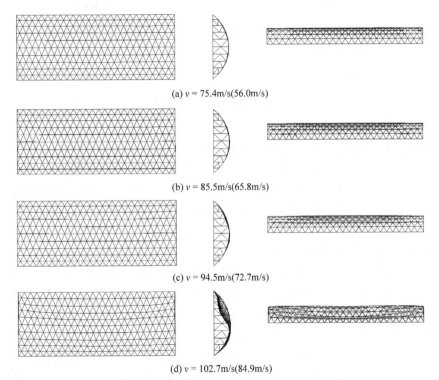

(a) $v = 75.4m/s(56.0m/s)$

(b) $v = 85.5m/s(65.8m/s)$

(c) $v = 94.5m/s(72.7m/s)$

(d) $v = 102.7m/s(84.9m/s)$

图 5.71　不同最大风速下长宽比为 2.5 的单层柱面网壳结构平面、侧面和立面变形图

层柱面网壳结构，分析三维风荷载下的动力破坏过程。图 5.72 为不同长宽比结构的风速-位移曲线，单层柱面网壳结构在风荷载下的动力破坏极限承载力随着长宽比的不断增大而逐渐减小。其中，长宽比为 1.5 的动力破坏临界风速比长宽比为 1.0 的下降了 15.7%，长宽比为 2.0 的比长宽比为 1.5 下降了 10.9%，长宽比为 2.5 的比长宽比为 2.0 的下降了 16.7%，如图 5.73 所示。模态分析表明，单层柱面网壳结构整体刚度随着长宽比的不断增大逐渐减弱。长宽比较小时两端刚性横隔对结构的约束作用较强，随着长宽比的不断增大两端横隔对中部区域的约束作用逐

渐减弱,结构的整体刚度逐渐减小,结构在风荷载下的动力失稳的可能性增大,使得动力破坏极限承载能力逐渐降低。

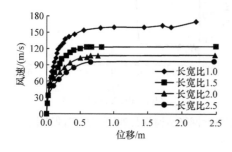

图 5.72 不同长宽比单层柱面网壳结构的
风速-位移曲线

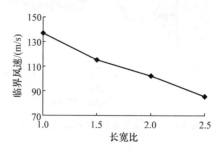

图 5.73 单层柱面网壳结构动力破坏临界风速
随长宽比的变化曲线

5.6 本 章 小 结

利用非线性有限元法对 K6 型单层球面网壳结构和三向网格单层柱面网壳结构进行了三维风振响应时程分析,统计了不同刚度、矢跨比(长宽比)、平均风速等工况下的计算结果;对单层网壳结构进行了风致弹塑性动力失效破坏分析,通过考虑不同因素、变化各类参数等条件,从不同角度揭示风振响应规律,并与相应静风下的计算结果进行了对比分析。综上所述,得出了单层网壳结构在风振响应和抗风性能方面的以下结论。

(1) 研究了刚度和矢跨比对单层球面网壳结构风振系数的影响。结果表明,单层球面网壳结构整体风振系数随着结构刚度的增大而减小,随着结构矢跨比的增大而减小,并且结构的整体位移风振系数与矢跨比基本呈线性关系。对于矢跨比为 0.25 的单层球面网壳结构,风振系数奇点多发生在边缘向内的第二圈节点和边缘向内的第二圈环向单元上,随着结构矢跨比的改变,风振系数奇点的位置也发生变化。将大于 5 的风振系数去掉,当矢跨比为 0.25 时,得出结构的整体位移风振系数为 4.5,结构的整体内力风振系数为 4.2。根据本章分析,综合考虑矢跨比和刚度的影响,建议单层球面网壳结构的整体风振系数可偏安全地取为 4.6。

(2) 单层柱面网壳结构的矢跨比和长宽比对风振系数均有影响,但标准风速对位移和内力风振系数大小和分布的影响不显著,其中矢跨比较长宽比对风振系数的影响大。经非线性回归拟合的结构整体位移和内力风振系数计算公式的精度较高,可为工程抗风设计提供一定参考。结构整体内力风振系数均值较整体位移风振系数均值小,但整体位移和内力风振系数分布都较均匀。兼顾安全和经济两方面,实际工程应用中,整体位移和内力风振系数可分别取为 3.7 和 3.6。

　　(3) 单层柱面网壳结构和球面网壳结构在考虑脉动风效应情况下的动力破坏临界风速明显小于不考虑脉动风效应情况下的静风破坏临界风速。因此，在采用柱面网壳结构和球面网壳结构形式的工程设计中应充分考虑风荷载的动力效应对结构稳定承载力的影响。

　　(4) 单层柱面网壳结构在风荷载下的静动力破坏临界风速随矢跨比的增大而降低。当矢跨比小于 0.25 时，动力破坏临界风速随矢跨比的增大而下降较为迅速；当矢跨比大于 0.25 时，动力破坏临界风速随矢跨比的增大而下降的趋势明显减缓。分析结果说明，低矢跨比的网壳结构具有更好的抗风稳定性能。

　　(5) 单层柱面网壳结构在风荷载下的动力破坏临界风速随长宽比的增大而下降，且基本呈线性规律下降。主要原因是随着长宽比的不断增大，两端横隔对中部区域的约束作用逐渐减弱，结构的整体刚度逐渐减小，结构在风荷载下的动力失稳的可能性增大，从而表现为动力破坏极限承载能力的逐渐降低。分析结果说明，小长宽比的网壳结构具有较好的抗风稳定性能。

参 考 文 献

[1] Li Y, Sun J H. Numerical simulation of wind speed on long-span space structures[C]. International Conference on Civil Engineering, Baoding, 2010.

[2] Sun J H, Li Y, Li H M, et al. Wind induced vibration of single-layer lattice domes[C]. International Association for Bridge and Structural Engineering and International Association for Shell and Spatial Structures, London, 2011.

[3] Wang J L, Guo H, Li H M, et al. Investigations on the wind vibration coefficient of single layer lattice barrel vault structures[J]. Advanced Materials Research, 2014, 1044-1045: 668-673.

[4] Wang J L, Li H M, Ren X Q, et al. Wind induced bucking analysis of single layer lattice domes[C]. Proceedings of Asia-Pacific Conference on Shell and Spatial Structures, Seoul, 2012.

[5] Wang J L, Li H M, Guo H, et al. Study on the elastoplastic dynamic failure of single-layer cylindrical reticulated shell structures under wind loads[J]. Applied Mechanics and Materials, 2013, 370: 1571-1577.

[6] Lu W, Wang J L, Guo H, et al. Wind-induced dynamic collapse analysis of single-layer cylindrical reticulated shells considering roof slabs and support columns[J]. International Journal of Heat and Technology, 2020, 38(1): 180-186.

[7] Wang J L, Guo H, Li H M, et al. Wind-induced dynamic failure mechanism and equivalent static wind load of single-layer latticed barrel vaults[J]. International Journal of Heat and Technology, 2020, 38(2): 418-424.

[8] 中华人民共和国住房和城乡建设部. GB 50009—2012　建筑结构荷载规范[S]. 北京: 中国建筑工业出版社, 2012.

第6章 风雪荷载共同作用下网壳结构倒塌机理研究

风雪荷载共同作用下动力破坏临界风速的确定是网壳结构抗风雪设计的关键。2008 年南方特大雪灾对我国造成巨大的人员伤亡和财产损失，尤其是大跨度空间结构的损毁情况甚为严重，大跨度空间结构风雪致倒塌机理的研究受到各界学者的广泛关注。为了深入研究风雪荷载共同作用下单层网壳结构的动力响应特性，通过建立三向网格单层柱面网壳结构和 K8 型单层球面网壳结构有限元分析模型，利用 MATLAB 程序获取随机风速时程曲线，较为全面地分析雪荷载分布情况对单层网壳结构风致动力倒塌的影响[1-5]。

6.1 单层柱面网壳结构动力倒塌分析

6.1.1 单层柱面网壳结构计算模型

以三向网格单层柱面网壳结构为研究对象进行分析，如图 6.1 所示。该网壳结构的长度 $L = 45\text{m}$，跨度 $B = 30\text{m}$，矢高 $f = 7.5\text{m}$，沿长度和跨度方向等分数分别为 15 和 5，节点总数为 213，杆件总数为 574。控制荷载组合为 1.2 恒载+1.4 活载，其中恒载取 0.3kN/m^2，活载取 0.5kN/m^2，周边三向固接于 10m 高的底座上。采用 Q235 钢，其泊松比为 0.26，弹性模量为 206GPa，材料密度为 7850kg/m^3，杆件采用 $\phi121\text{mm} \times 4\text{mm}$ 钢管。在数值分析过程中，同时考虑材料非线性和几何非线性的影响，假定材料模型为理想弹塑性模型，屈服强度为 235MPa。屈服准则采用米泽斯屈服准则，强化准则采用 BISO 双线性等向强化准则。考虑结构阻尼的影响，假定为 Rayleigh 阻尼，其中阻尼比为 0.02。采用 BEAM188 单元模拟杆件，采用 MASS21 质量单元模拟节点等效自重。

采用线性自回归(AR)滤波器法，基于 MATLAB 平台，模拟具有时空相关性的随机脉动风速时程曲线，其主要模拟参数如下：平均风速模型为指数律模型，脉动风速谱类型为 Davenport 谱，AR 模型理论回归阶数 $p = 4$，时间步长 $\Delta t = 0.1\text{s}$，模拟时长 $t = 60\text{s}$，B 类地貌，地面粗糙度 $k = 0.003$，假定 10m 高度处的标准风速 $v_{10} = 31\text{m/s}$，空气密度为 $\rho = 1.249\text{kg/m}^3$，衰减系数 C_x、C_y、C_z 分别为 16、8、10。由于单层柱面网壳结构为双轴对称模型，本章仅以 X 轴正向来风向为例进行分析。图 6.2 和图 6.3 分别为节点 88 和节点 124 在标准风速为 31m/s 时的风速时程曲线。

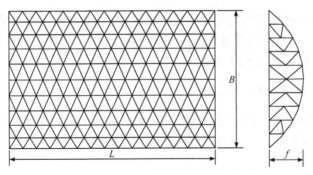

图 6.1　矢跨比为 0.25 的单层柱面网壳结构分析模型

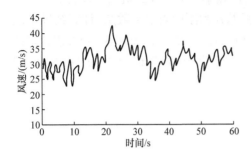

图 6.2　单层柱面网壳结构节点 88 在标准风速
为 31m/s 时的风速时程曲线

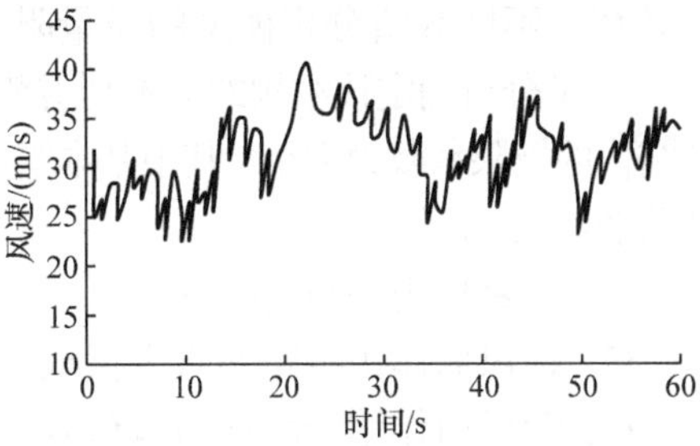

图 6.3　单层柱面网壳结构节点 124 在标准风速
为 31m/s 时的风速时程曲线

6.1.2　单层柱面网壳结构雪荷载分布方案

1. 基本雪压

雪压是根据地面上的雪荷载定义的,是指建筑物单位水平面上积雪的自重。而基本雪压则是指当地空旷平坦的地面上根据气象记录资料,经过统计所得到的在结构使用期间可能出现的最大雪压值。现行规范一般将该值定义为 50 年一遇,而对雪荷载比较敏感的结构则定义为 100 年一遇。决定基本雪压大小的是积雪深度和雪重度,表达式为

$$S = \gamma d \tag{6.1}$$

式中,S 为基本雪压;γ 为雪重度;d 为雪深。

2. 雪荷载标准值

屋面水平投影面上的雪荷载标准值为

$$S_k = \mu_r S_0 \tag{6.2}$$

式中,S_k 为雪荷载标准值;μ_r 为屋面雪荷载分布系数;S_0 为基本雪压。

由于单层柱面网壳结构对雪荷载比较敏感，故基本雪压按我国现行标准 GB 50009—2012《建筑结构荷载规范》[6]规定的 100 年重现期的雪压，保定市取 0.4kN/m²，哈尔滨市取 0.8kN/m²。

3. 拱形屋面雪荷载分布系数

采用三向网格单层柱面网壳结构，以及表 4.1 所示的拱形屋面雪荷载分布系数，其中 l 为该网壳结构的宽度，f 为该网壳结构的高度。

4. 分布方案

不同的网壳结构模型会产生不同的自振频率，最后导致阻尼系数的变化，因此计算了不同数值分析模型的质量阻尼系数 α 和刚度阻尼系数 β，计算结果见表 6.1。为了分析确定该结构的最不利雪荷载和风荷载的组合，选取不同荷载组合来计算结构的极限承载力大小，其中基本雪压取保定市的基本雪压，大小为 0.4kN/m²，9 种荷载组合如下。

(1) 全跨作用均布雪荷载。

(2) 迎风面作用半跨均布雪荷载。

(3) 背风面作用半跨均布雪荷载。

(4) 全跨作用非均布雪荷载(较大雪压聚积在背风面)。

(5) 迎风面作用半跨非均布雪荷载(较大雪压聚积在背风面)。

(6) 背风面作用半跨非均布雪荷载(较大雪压聚积在背风面)。

(7) 全跨作用非均布雪荷载(较大雪压聚积在迎风面)。

(8) 迎风面作用半跨非均布雪荷载(较大雪压聚积在迎风面)。

(9) 背风面作用半跨非均布雪荷载(较大雪压聚积在迎风面)。

表 6.1　不同分析模型的 α 和 β 值

分析模型	f_1/Hz	f_3/Hz	α	β
模型 1	1.4115	2.3845	0.2228	0.0017
模型 2	1.4490	2.4876	0.2310	0.0016
模型 3	1.4490	2.4876	0.2310	0.0016
模型 4	1.3930	2.2392	0.2158	0.0018
模型 5	1.4916	2.4689	0.2337	0.0016
模型 6	1.4326	2.3197	0.2226	0.0017
模型 7	1.3931	2.2392	0.2310	0.0016
模型 8	1.4326	2.3197	0.2226	0.0017
模型 9	1.4916	2.4689	0.2337	0.0016

6.1.3　单层柱面网壳结构动力倒塌参数分析

1. 全跨作用均布雪荷载

当单层柱面网壳结构全跨作用均布雪荷载时，雪荷载根据相应的质量凝聚为 MASS21 质量单元，并分布于网壳各节点上。定义在动力倒塌失稳之前，结构位移为一次完整的动力时程分析过程中某个方向上的最大节点位移。利用有限元分析软件,采用试算法计算单层柱面网壳结构在各级风速作用下的非线性动力响应，然后利用 Budiansky-Roth 判定准则来判断该结构的动力破坏临界风速，该准则认为若荷载参数有一微小变化将引起结构较大的动力响应变化，则结构处于动力稳定临界状态。图 6.4 为结构节点 124 在标准风速为 31m/s 时的风速时程曲线，数值分析结果则分别如图 6.5～图 6.7 所示。

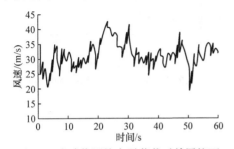

图 6.4　全跨作用均布雪荷载时单层柱面
网壳结构节点 124 的风速时程曲线

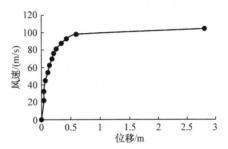

图 6.5　全跨作用均匀分布雪荷载时单层柱面
网壳结构的风速-位移曲线

分析结果表明，动力失效破坏前，在各级风速作用下的最大 Z 向位移始终发生在顺风向风压区的节点 124 上。图 6.5 为该网壳结构最大节点位移随风速变化的过程。由图可知，当风速较小时，结构位移很小，并随着风速的增大而增大,当风速达到 80m/s 以后，网壳结构的刚度快速降低。接着当风速达到 85.46m/s 时，其风速-位移曲线的斜率明显减小，随着风速的微小增大，结构的最大位移快速增加，说明此时网壳结构已经处于动力失稳状态。图 6.6(a)显示当平均风速为 82.02m/s 时，结构的振动平衡位置没有发生偏移，而从图 6.6(b)中可知，当风速增加到 85.46m/s 时，节点振动平衡位置开始偏离，振幅逐渐增大，图 6.7(c)显示风速达到 98.03m/s 时,结构的振动平衡位置已经大幅度偏离原始平衡位置，直到风速达到 102.82m/s 时(图 6.6(d))，网壳结构出现倒塌。根据 Budiansky-Roth 判定准则，并由图 6.5 和图 6.6 可确定该结构的动力破坏临界风速约为 85.46m/s，动力失稳点首先出现在节点 124。随着风速的继续加大，失稳点周围的节点相继失稳，失稳区域不断扩大而最终导致网壳结构由于整体动力失稳而倒塌破坏。图 6.7 为当风速分别为 82.02m/s、85.46m/s、98.03m/s 和 102.82m/s 时网壳结构的变形图。

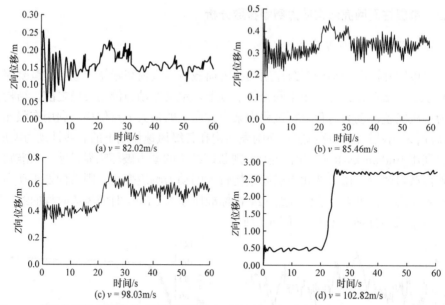

图 6.6　全跨作用均布雪荷载时不同平均风速下单层柱面网壳结构节点 124 的位移时程曲线

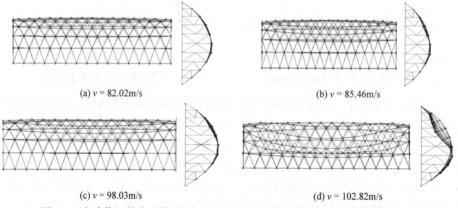

图 6.7　全跨作用均布雪荷载时不同平均风速下单层柱面网壳结构的变形图

2. 迎风面作用半跨均布雪荷载

由于雪荷载的分布会随着当时的风速、屋面坡度、温度的变化而改变。同时，风荷载与雪荷载的组合也是多样的，为了分析风荷载与雪荷载的最不利组合，对迎风面作用半跨均布雪荷载时网壳结构的风致动力倒塌现象进行分析。数值分析结果分别如图 6.8～图 6.11 所示。其中，图 6.9 为网壳结构最大节点位移随风速的变化曲线。

分析结果表明，网壳结构动力失稳前，在各级风速作用下的最大 Z 向位移始终发生在结构计算模型节点 124 上。由图 6.9 可知，当风速较小时，结构位移

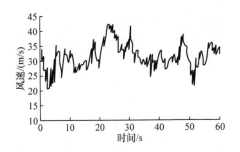

图 6.8　迎风面作用半跨均布雪荷载时单层　　　图 6.9　迎风面作用半跨均布雪荷载时单层
柱面网壳节点 124 的风速时程曲线　　　　　　柱面网壳结构的风速-位移曲线

很小，并随着风速增大基本呈线性增加。由图 6.10(a)可以得出，当风速达到
82.02m/s 时，节点 124 振动平衡位置开始发生偏移，振幅逐渐增大，当风速-位移
曲线出现风速增加很小，节点位移迅速增加的现象，即曲线出现明显拐点时，说
明结构动力破坏趋势明显。根据 Budiansky-Roth 判定准则可以判定，该结构的动
力破坏临界风速约为 82.02m/s。随着风速的继续增大，失稳点周围的节点相继失
效破坏，或在远离该失效破坏点的区域出现新的失效破坏点，进而形成多个局部
失效破坏区域，当风速达到 98.03m/s 时，结构局部失效破坏区域进一步扩大，导致
结构刚度明显下降，最终使得网壳结构因整体动力失稳而倒塌。图 6.10 为节点 124
在不同平均风速下的位移时程曲线，图 6.11 为不同平均风速下网壳结构的变形图。

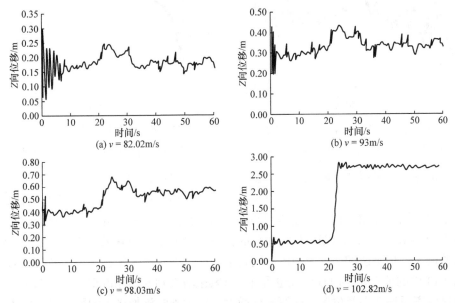

图 6.10　迎风面作用半跨均布雪荷载时不同平均风速下单层柱面网壳结构节点 124 的位移时程曲线

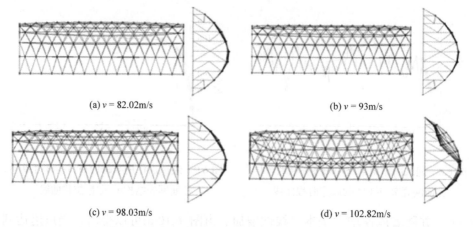

(a) $v = 82.02\text{m/s}$　　　　(b) $v = 93\text{m/s}$

(c) $v = 98.03\text{m/s}$　　　　(d) $v = 102.82\text{m/s}$

图 6.11　迎风面作用半跨均布雪荷载时不同平均风速下单层柱面网壳结构的变形图

3. 背风面作用半跨均布雪荷载

对背风面作用半跨均布雪荷载时网壳结构的风致动力倒塌现象进行分析，其分析结果如图 6.12～图 6.15 所示。其中，图 6.13 为网壳结构最大节点位移随风速的变化曲线；图 6.14 显示当平均风速分别为 91.44m/s、98.03m/s、102.82m/s、107.39m/s 时节点 124 的位移时程曲线。

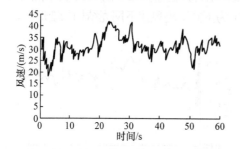

图 6.12　背风面作用半跨均布雪荷载时单层柱面网壳结构节点 124 的风速时程曲线

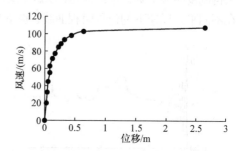

图 6.13　背风面作用半跨均布雪荷载时单层柱面网壳结构的风速-位移曲线

由分析结果可知，网壳结构失稳前，在各级风速作用下位移最大值始终发生在顺风向受压区节点 124 上。由图 6.13 可知，当风速较小时，最大位移随着风速的增大而线性增加。直到风速达到 90m/s 以后，网壳结构的刚度快速降低，当风速为 91.44m/s 时，其风速-位移曲线的斜率明显减小，随着风速的微小增大，结构的最大位移快速增加，说明此时网壳结构已经处于动力失稳状态。同时，对比图 6.14 中的节点位移时程曲线也可知，当风速增大到 91.44m/s 时，节点 124 开始明显偏离原振动平衡位置，振幅逐渐增大，继续不断施加更大的风荷载，偏离效果越来越明显。根据 Budiansky-Roth 判定准则可以判定，该结构的动力破坏临界风速约为 91.44m/s。由图 6.15 不难看出，继续增大风速至 102.82m/s 时，结构局部失效破坏区域进一步扩大，进而使网壳因丧失承载能力而整体倒塌。图 6.15 为不同平均风速下网壳结构的变形图。

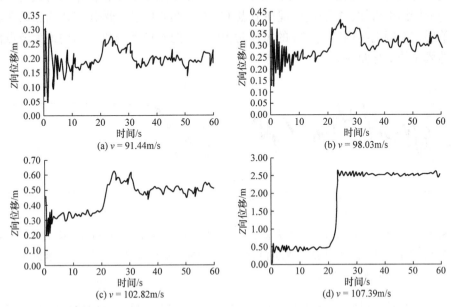

(a) $v = 91.44$m/s

(b) $v = 98.03$m/s

(c) $v = 102.82$m/s

(d) $v = 107.39$m/s

图 6.14　背风面作用半跨均布雪荷载时不同平均风速下单层柱面网壳结构节点 124 的位移时程曲线

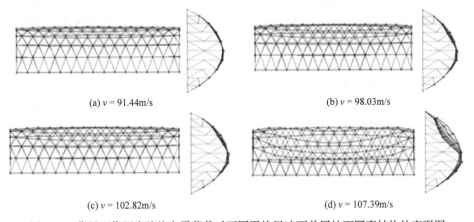

(a) $v = 91.44$m/s

(b) $v = 98.03$m/s

(c) $v = 102.82$m/s

(d) $v = 107.39$m/s

图 6.15　背风面作用半跨均布雪荷载时不同平均风速下单层柱面网壳结构的变形图

与全跨作用均布雪荷载以及迎风面作用半跨均布雪荷载相比，背风面作用半跨均布雪荷载时单层柱面网壳结构的动力破坏临界风速最高，这是由于风荷载作用下，在网壳结构迎风面的风荷载作为压力的同时，其背风面的风荷载作为吸力，该吸力部分抵消了背风面的雪荷载影响，从而导致动力破坏临界风速提高。

4. 全跨作用非均布雪荷载(较大雪压聚积在背风面)

　　对全跨作用非均布雪荷载(较大雪压聚积在背风面)时网壳结构的风致动力倒塌现象进行分析。由全跨作用非均布雪荷载(较大雪压聚积在背风面)与风荷载组合的分析结果可知，失稳点出现在节点 124 处。图 6.16 为全跨作用非均布雪荷载下单层柱面网壳结构节点 124 的风速时程曲线，图 6.17 为该网壳结构最大节点位移随风速的变化曲线。

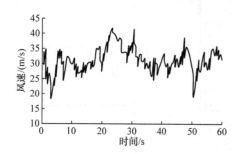
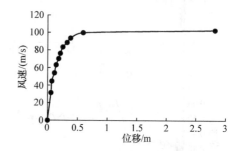

图 6.16　全跨作用非均布雪荷载(较大雪压聚积在背风面)时单层柱面网壳结构节点 124 的风速时程曲线

图 6.17　全跨作用非均布雪荷载(较大雪压聚积在背风面)时单层柱面网壳结构的风速-位移曲线

　　从分析结果可知，当风速小于 85m/s 时，该节点的最大 Z 向位移随着风速的增大而线性增加，直到风速达到 87.68m/s 时，网壳结构的刚度快速降低，其风速-位移曲线的斜率明显减小，然后随着风速的微小增量，相对应的结构最大位移快速增加，说明此时网壳结构已经处于动力失稳状态。同时，由图 6.18(a)的节点位移时程曲线也可以看到，当风速为 87.68m/s 时，节点 124 已开始偏离原振动平衡位置，振幅也越来越大，所以根据 Budiansky-Roth 判定准则可以判定，该组合的动力破坏临界风速大约为 87.68m/s。继续增大风速至 98.03m/s 时，结构的振动平衡位置已经大幅度偏离原振动平衡位置，失稳点周围的节点相继失稳，导致失稳区域扩大，网壳最终坍塌破坏。图 6.18 为不同平均风速下节点 124 的位移时程曲线，图 6.19 为不同平均风速下网壳结构的变形图。

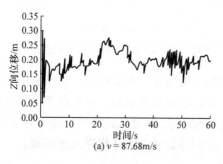
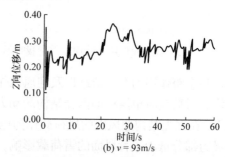

(a) $v = 87.68$m/s

(b) $v = 93$m/s

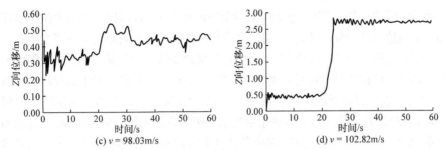

图 6.18　全跨作用非均布雪荷载(较大雪压聚积在背风面)时不同平均风速下单层柱面网壳结构节点 124 的位移时程曲线

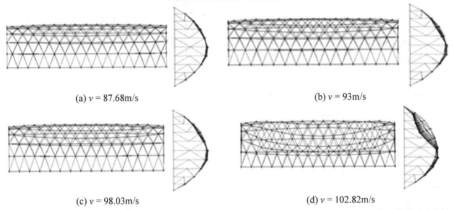

(a) $v = 87.68$m/s

(b) $v = 93$m/s

(c) $v = 98.03$m/s

(d) $v = 102.82$m/s

图 6.19　全跨作用非均布雪荷载(较大雪压聚积在背风面)时不同平均风速下单层柱面网壳结构的变形图

5. 迎风面作用半跨非均布雪荷载(较大雪压聚积在背风面)

考虑迎风面作用半跨非均布雪荷载(较大雪压聚积在背风面)和风荷载的组合来进行单层柱面网壳结构的风致动力倒塌分析。失稳点出现在节点 124 处。图 6.20 为节点 124 在标准风速为 31m/s 时的风速时程曲线，分析结果分别如图 6.21～图 6.23 所示。其中，图 6.21 为该网壳结构的风速-位移曲线。

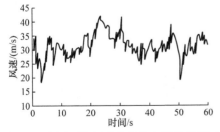

图 6.20　迎风面作用半跨非均布雪荷载(较大雪压聚积在背风面)时单层柱面网壳结构节点 124 的风速时程曲线

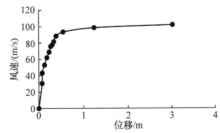

图 6.21　迎风面作用半跨非均布雪荷载(较大雪压聚积在背风面)时单层柱面网壳结构的风速-位移曲线

　　由分析结果可知，当风速较小时，结构位移很小，且随风速的增大位移呈线性增加。当风速达到 75m/s 以后，通过风速与位移的关系来判断网壳是否发生动力破坏。继续加大风速至 79.03m/s 时，其风速-位移曲线的斜率明显减小，进而随着风速的微小增大，结构的最大位移快速增加，加上图 6.22(a)中节点 124 的位移时程曲线也开始发生原平衡位置的偏离，说明此时网壳结构已经处于动力失稳状态。根据 Budiansky-Roth 判定准则可得该种组合的动力破坏临界风速约为 79.03m/s。继续加大风速至 98.03m/s 时，网壳结构最终因整体动力失稳而倒塌破坏。图 6.23 为当风速分别为 79.03m/s、93m/s、98.03m/s 和 102.82m/s 时网壳结构的变形图。

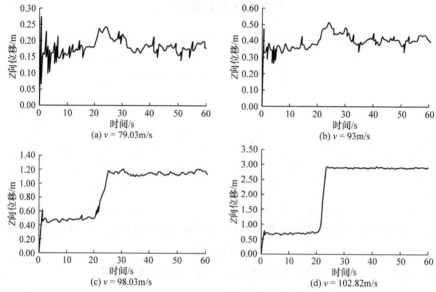

图 6.22　迎风面作用半跨非均布雪荷载(较大雪压聚积在背风面)时不同平均风速下单层柱面网壳结构节点 124 的位移时程曲线

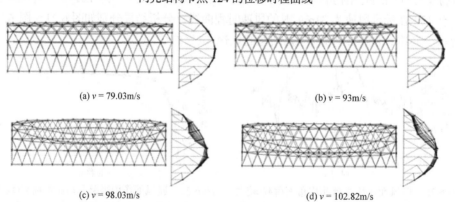

图 6.23　迎风面作用半跨非均布雪荷载(较大雪压聚积在背风面)时不同平均风速下单层柱面网壳结构的变形图

6. 背风面作用半跨非均布雪荷载(较大雪压聚积在背风面)

对单层柱面网壳结构背风面作用半跨非均布雪荷载与风荷载组合进行动力失效破坏分析，且雪压较大的部分聚积在背风面，雪压较小的部分聚积在迎风面。数值分析结果分别如图 6.24～图 6.27 所示。

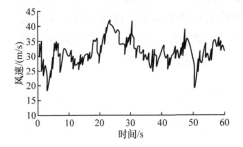

图 6.24　背风面作用半跨非均布雪荷载(较大雪压聚积在背风面)时单层柱面网壳结构节点 124 的风速时程曲线

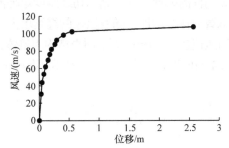

图 6.25　背风面作用半跨非均布雪荷载(较大雪压聚积在背风面)时单层柱面网壳结构的风速-位移曲线

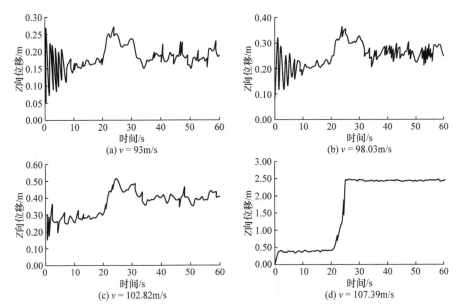

图 6.26　背风面作用半跨非均布雪荷载(较大雪压聚积在背风面)时不同平均风速下单层柱面网壳结构节点 124 的位移时程曲线

分析结果表明，失稳前，在各级风速作用下该结构的最大 Z 向位移始终发生在顺风向风压区的节点 124 上。由图 6.25 可以得出，当风速小于 90m/s 时，位移随风速的增大基本呈线性增加。当风速为 93m/s 时，风速-位移曲线出现了明显的拐点，之后随着风速微小的增加，结构位移迅速增加，并且图 6.26(a)显示节点的振动平衡位置开始出现平移，说明此时结构的动力破坏趋势明显，根据 Budiansky-Roth 判定准则，取风速-位移曲线趋于平缓时所对应的风速作为该结构的动力破坏临界风速，其值约为 93m/s。此后结构通过自身的变形能吸收风振能量，由于风荷载的往复作用和构件的弹性卸载，结构切线刚度矩阵恢复正定，节点在新的平衡位置继续振动，承载力持续增加，随着风速的继续增大，结构的局部失效破坏区域也进一步扩大，当风速达到 105m/s 时，网壳结构因整体失稳而坍塌。图 6.26 为不同平均风速下节点 124 的位移时程曲线，图 6.27 为不同平均风速下网壳结构的变形图。

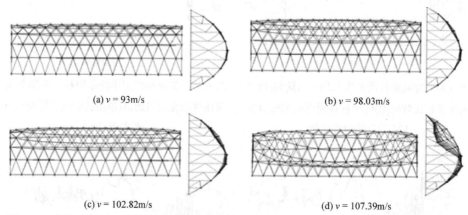

(a) $v = 93$m/s

(b) $v = 98.03$m/s

(c) $v = 102.82$m/s

(d) $v = 107.39$m/s

图 6.27　背风面作用半跨非均布雪荷载(较大雪压聚积在背风面)时不同平均风速下单层柱面网壳结构的变形图

7. 全跨作用非均布雪荷载(较大雪压聚积在迎风面)

对全跨作用非均布雪荷载(较大雪压聚积在迎风面)时网壳结构的风致动力倒塌现象进行分析。图 6.28 为节点 124 的风速时程曲线，该组合数值分析结果分别如图 6.29～图 6.31 所示。其中，图 6.29 为该网壳结构的最大节点位移随风速的变化曲线。

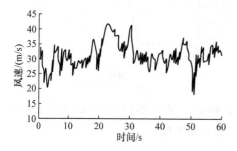

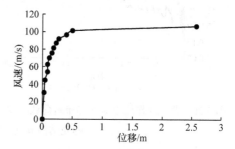

图 6.28　全跨作用非均布雪荷载(较大雪压聚积在迎风面)时单层柱面网壳结构节点 124 的风速时程曲线

图 6.29　全跨作用非均布雪荷载(较大雪压聚积在迎风面)时单层柱面网壳结构的风速-位移曲线

由分析结果可知，当风速较小时，结构的位移很小，位移随风速的增大而线性增加。直到风速达到 70m/s 时，网壳结构的刚度快速降低，当风速为 75.93m/s 时，风速-位移曲线的斜率明显变小，之后随着风速微小的增加，结构的最大位移快速增加，同时对照图 6.30 的位移时程曲线可以发现，当风速达到 75.93m/s 时，节点 124 的振动平衡位置偏离越来越明显，说明此时网壳结构已经处于动力失稳状态。故该种组合的网壳结构动力破坏临界风速可以取为 75.93m/s。图 6.31 为不同平均风速下网壳结构的变形图。

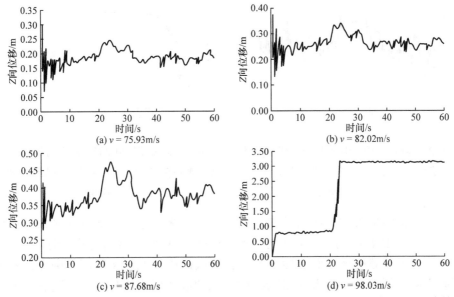

图 6.30　全跨作用非均布雪荷载(较大雪压聚积在迎风面)时不同平均风速下单层柱面网壳结构节点 124 的位移时程曲线

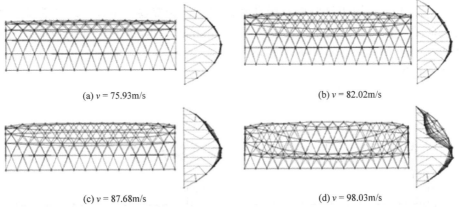

图 6.31　全跨作用非均布雪荷载(较大雪压聚积在迎风面)时不同平均风速下单层柱面网壳结构的变形图

8. 迎风面作用半跨非均布雪荷载(较大雪压聚积在迎风面)

迎风面作用半跨非均布雪荷载(较大雪压聚积在迎风面)与风荷载组合时，雪压较大的部分聚积在迎风面，雪压较小的部分聚积在背风面。图 6.32 为节点 124 的风速时程曲线，数值分析结果如图 6.33～图 6.35 所示。其中，图 6.33 为网壳结构最大节点位移随风速的变化曲线；图 6.34 显示风速分别为 69.32m/s、82.02m/s、87.68m/s、93m/s 时节点 124 的位移时程曲线。

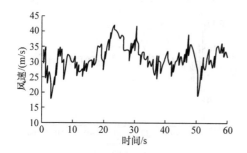

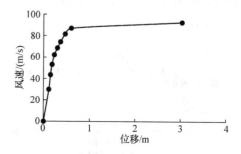

图 6.32　迎风面作用半跨非均布雪荷载(较大雪压聚积在迎风面)时单层柱面网壳结构节点 124 的风速时程曲线

图 6.33　迎风面作用半跨非均布雪荷载(较大雪压聚积在迎风面)时单层柱面网壳结构的风速-位移曲线

由分析结果可知，网壳结构失稳前，在各级风速作用下位移最大值始终发生在节点 124 上。由图 6.33 的风速-位移曲线可知，当风速较小时，Z 向最大位移随风荷载的增大而线性增加。直到风速达到 62m/s 以后，网壳结构的刚度快速降低，当风速为 69.32m/s 时，该曲线的斜率明显减小，随着风速的微小增大，结构的最大位移快速增加，说明此时网壳结构已经处于动力失稳状态。同时，对比图 6.34 的位移时程曲线也可以看出，当风速增大到 69.32m/s 时，节点 124 开始明显偏离原振动平衡位置，振幅逐渐增大，继续施加更大的风荷载，偏离效果越来越明显。根据 Budiansky-Roth 判定准则判定，该组合的结构动力破坏临界风速约为 69.32m/s。图 6.35 为不同平均风速下网壳结构的变形图。

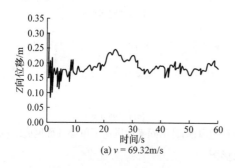

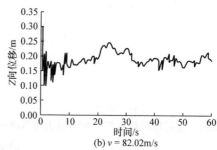

(a) $v = 69.32$m/s

(b) $v = 82.02$m/s

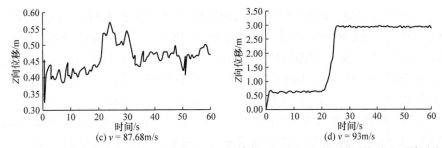

图 6.34　迎风面作用半跨非均布雪荷载(较大雪压聚积在迎风面)时不同平均风速下单层柱面网壳结构节点 124 的位移时程曲线

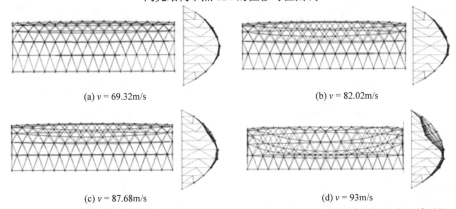

图 6.35　迎风面作用半跨非均布雪荷载(较大雪压聚积在迎风面)时不同平均风速下单层柱面网壳结构的变形图

9. 背风面作用半跨非均布雪荷载(较大雪压聚积在迎风面)

对背风面作用半跨均布雪荷载(较大雪压聚积在迎风面)时网壳结构的风致动力倒塌现象进行分析。图 6.36 为该结构计算模型节点 124 在标准风速为 31m/s 时的风速时程曲线，数值分析结果分别如图 6.37～图 6.39 所示。其中，图 6.37 为该网壳结构的风速-位移曲线。

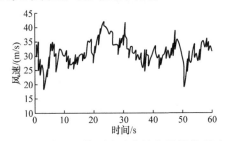

图 6.36　背风面作用半跨非均布雪荷载(较大雪压聚积在迎风面)时单层柱面网壳结构节点 124 的风速时程曲线

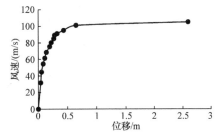

图 6.37　背风面作用半跨非均布雪荷载(较大雪压聚积在迎风面)时单层柱面网壳结构的风速-位移曲线

　　由分析结果可知，当风速较小时，结构位移很小，且随风速的增大位移呈线性增加。当风速达到 85m/s 以后，网壳结构的刚度快速降低。继续加大风速直到 90.38m/s 时，其风速-位移曲线的斜率明显减小，进而随着风速的微小增大，结构的最大位移快速增加，图 6.38(a)中节点 124 的位移时程曲线也开始发生原平衡位置的偏离，说明此时网壳结构已经处于动力失稳状态。根据 Budiansky-Roth 判定准则可判定该组合的动力破坏临界风速约为 90.38m/s。继续增大风速至 107.39m/s 时，网壳结构最终因整体动力失稳而倒塌破坏。图 6.39 为当风速分别为 90.38m/s、

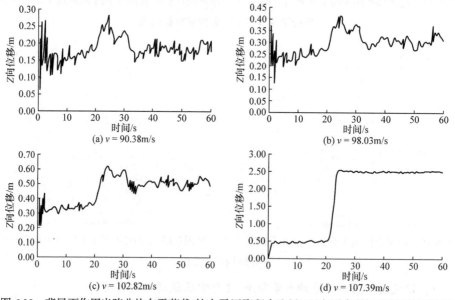

图 6.38　背风面作用半跨非均布雪荷载(较大雪压聚积在迎风面)时不同平均风速下单层柱面
网壳结构节点 124 的位移时程曲线

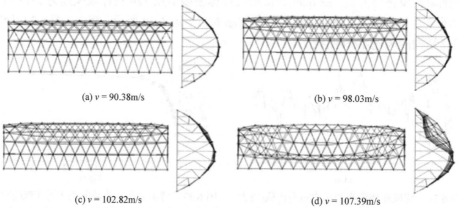

图 6.39　背风面作用半跨非均布雪荷载(较大雪压聚积在迎风面)时不同平均风速下单层柱面
网壳结构的变形图

98.03m/s、102.82m/s 和 107.39m/s 时网壳结构的变形图。

10. 不同雪压对网壳结构在各种风雪荷载组合作用下动力倒塌的影响

对比分析 9 种风雪荷载组合时，单层柱面网壳结构的动力破坏临界风速，定义基本雪压为哈尔滨雪压，大小为 0.8kN/m²。网壳结构计算模型及其他参数保持不变。不同模型的质量阻尼系数 α 和刚度阻尼系数 β 的取值见表 6.2。

表 6.2　不同分析模型的 α 和 β 值

网壳结构分析模型	f_1/Hz	f_3/Hz	α	β
分析模型 1	1.3030	2.1980	0.2056	0.0018
分析模型 2	1.3610	2.3559	0.2168	0.0017
分析模型 3	1.3609	2.3559	0.2168	0.0017
分析模型 4	1.2713	1.9757	0.1944	0.0020
分析模型 5	1.4326	2.3197	0.2226	0.0017
分析模型 6	1.3250	2.0685	0.2030	0.0019
分析模型 7	1.2713	1.9757	0.1944	0.0020
计算模型 8	1.3250	2.0685	0.2030	0.0019
分析模型 9	1.4326	2.3197	0.2226	0.0017

1) 全跨作用均布雪荷载

当单层柱面网壳结构全跨作用均布雪荷载时，分析结果分别如图 6.40 和图 6.41 所示。其中，图 6.40 为网壳结构的节点位移随风速的变化曲线；图 6.41 显示风速为 83.76m/s 时节点 124 的位移时程曲线。数值分析结果表明，失稳点出现在节点 124 处。当风速达到 83.76m/s 时，图 6.40 的风速-位移曲线出现风速增加很小，节点位移迅速增加的现象，而图 6.41 中节点 124 的振动平衡位置发生偏移，振幅逐渐增大，说明此时网壳已经处于动力失稳状态。根据 Budiansky-Roth 判定准则可以判定，全跨作用均布雪荷载和风荷载时，该结构的动力破坏临界风速约为 83.76m/s。

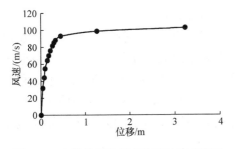

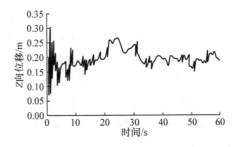

图 6.40　全跨作用均布雪荷载时单层柱面　　　　图 6.41　全跨作用均布雪荷载时单层柱面
　　　　网壳结构的风速-位移曲线　　　　　　　　　　网壳结构节点 124 的位移时程曲线

2) 迎风面作用半跨均布雪荷载

当迎风面作用半跨均布雪荷载与风荷载组合时，该组合荷载下的分析结果分别如图 6.42 和图 6.43 所示。从图 6.42 的风速-位移曲线可以看出，风速很小时位移很小，并随着风速的增大而线性增加，直到风速为 75.93m/s 时，网壳结构的刚度快速降低，风速-位移曲线的斜率明显减小，进而随着风速的微小增大，结构的最大位移快速增加，说明此时网壳结构已经处于动力失稳状态。同时对照图 6.43 节点的位移时程曲线也可以看出，当风速增大到 75.93m/s 时，节点 124 开始明显偏离原振动平衡位置，振幅逐渐增大，继续不断施加更大的风荷载，偏离效果越来越明显。根据 Budiansky-Roth 判定准则可以判定，该结构的动力破坏临界风速约为 75.93m/s。

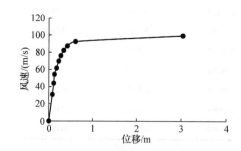

图 6.42　迎风面作用半跨均布雪荷载时单层
柱面网壳结构的风速-位移曲线

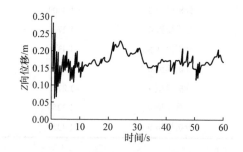

图 6.43　迎风面作用半跨均布雪荷载时单层
柱面网壳结构节点 124 的位移时程曲线

3) 背风面作用半跨均布雪荷载

对背风面作用半跨均布雪荷载时网壳结构的风致动力倒塌现象进行分析。该组合荷载下的分析结果如图 6.44 和图 6.45 所示，失稳点出现在节点 124 处。综合前面的分析，并结合图 6.44 的风速-位移曲线、图 6.45 的位移时程曲线，根据 Budiansky-Roth 判定准则可以判定，该组合荷载下结构的动力破坏临界风速约为 95.55m/s。

4) 全跨作用非均布雪荷载(较大雪压聚积在背风面)

雪荷载的分布形式多种多样，当全跨作用非均布雪荷载(较大雪压聚积在背风面)和风荷载进行组合分析时，分析结果分别如图 6.46 和图 6.47 所示。数值分析表明，失稳前，在各级风速作用下位移最大值始终发生在节点 124 上。利用前面的分析，并结合图 6.46 的风速-位移曲线、图 6.47 的位移时程曲线，根据 Budiansky-Roth 判定准则可以判定，该组合荷载下结构的动力破坏临界风速为 84.9m/s。

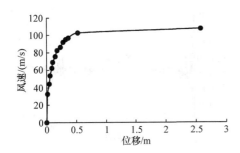

图 6.44　背风面作用半跨均布雪荷载时单层
柱面网壳结构的风速-位移曲线

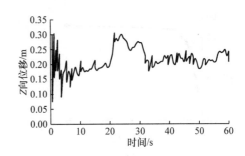

图 6.45　背风面作用半跨均布雪荷载时单层
柱面网壳结构节点 124 的位移时程曲线

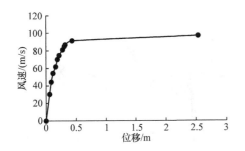

图 6.46　全跨作用非均布雪荷载(较大雪压聚
积在背风面)时单层柱面网壳结构的风速-位移
曲线

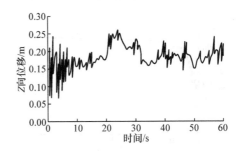

图 6.47　全跨作用非均布雪荷载(较大雪压聚
积在背风面)时单层柱面网壳结构节点 124 的
位移时程曲线

5) 迎风面作用半跨非均布雪荷载(较大雪压聚积在背风面)

对迎风面作用半跨非均布雪荷载(较大雪压聚积在背风面)时网壳结构的风致动力倒塌现象进行分析,该组合的分析结果分别如图 6.48 和图 6.49 所示,失稳点出现在节点 124 处。结合前面的分析,并对照图 6.48 的风速-位移曲线、图 6.49 的位移时程曲线,根据 Budiansky-Roth 判定准则可以判定,该组合荷载下结构的动力破坏临界风速为 69.32m/s。

6) 背风面作用半跨非均布雪荷载(较大雪压聚积在背风面)

当背风面作用半跨非均布雪荷载(较大雪压聚积在背风面)和风荷载进行组合分析时,分析结果分别如图 6.50 和图 6.51 所示。数据分析表明,失稳前,在各级风荷载作用下位移最大值始终发生在节点 124 上。同前面的分析原理,并结合图 6.50 的风速-位移曲线、图 6.51 的位移时程曲线,根据 Budiansky-Roth 判定准则可以判定,该组合荷载下结构的动力破坏临界风速约为 98.03m/s。

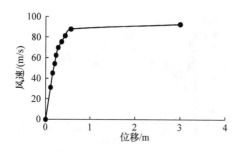

图 6.48　迎风面作用半跨非均布雪荷载(较大雪压聚积在背风面)时单层柱面网壳结构的风速-位移曲线

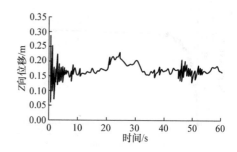

图 6.49　迎风面作用半跨非均布雪荷载(较大雪压聚积在背风面)时单层柱面网壳结构节点124 的位移时程曲线

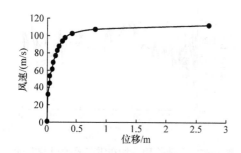

图 6.50　背风面作用半跨非均布雪荷载(较大雪压聚积在背风面)时单层柱面网壳结构的风速-位移曲线

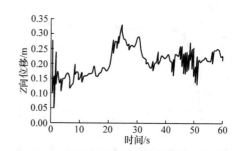

图 6.51　背风面作用半跨非均布雪荷载(较大雪压聚积在背风面)时单层柱面网壳结构节点124 的位移时程曲线

7) 全跨作用非均布雪荷载(较大雪压聚积在迎风面)

对全跨作用非均布雪荷载(较大雪压聚积在迎风面)时网壳结构的风致动力倒塌现象进行分析。该组合的分析结果如图 6.52 和图 6.53 所示,失稳点出现在节点124 处。综合前面的分析,并结合图 6.52 的风速-位移曲线、图 6.53 的位移时程曲线,根据 Budiansky-Roth 判定准则可以判定,该组合的结构动力破坏临界风速约为 62m/s。

8) 迎风面作用半跨非均布雪荷载(较大雪压聚积在迎风面)

对迎风面作用半跨非均布雪荷载(较大雪压聚积在迎风面)时网壳结构的风致动力倒塌现象进行分析。该组合的分析结果分别如图 6.54 和图 6.55 所示,失稳点出现在节点 124 处。根据前面所述的分析,并对照图 6.54 的风速-位移曲线、图 6.55 的位移时程曲线,根据 Budiansky-Roth 判定准则可以判定,该种组合的结构动力破坏临界风速约为 53.69m/s。

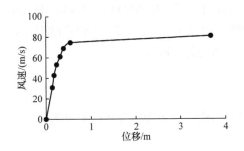

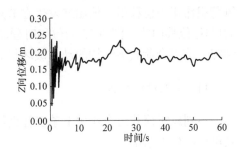

图 6.52　全跨作用非均布雪荷载(较大雪压聚积在迎风面)时单层柱面网壳结构的风速-位移曲线

图 6.53　全跨作用非均布雪荷载(较大雪压聚积在迎风面)时单层柱面网壳结构节点 124 的位移时程曲线

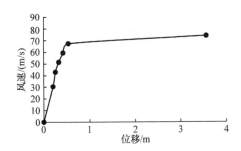

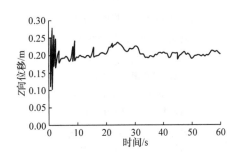

图 6.54　迎风面作用半跨非均布雪荷载(较大雪压聚积在迎风面)时单层柱面网壳结构的风速-位移曲线

图 6.55　迎风面作用半跨非均布雪荷载(较大雪压聚积在迎风面)时单层柱面网壳结构节点 124 的位移时程曲线

9) 背风面作用半跨非均布雪荷载(较大雪压聚积在迎风面)

当背风面作用半跨非均布雪荷载(较大雪压聚积在迎风面)和风荷载进行组合分析时，分析结果分别如图 6.56 和图 6.57 所示。数据分析表明，失稳前，在各级

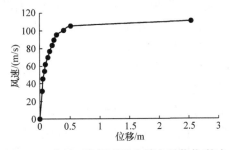

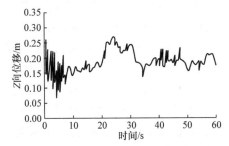

图 6.56　背风面作用半跨非均布雪荷载(较大雪压聚积在迎风面)时单层柱面网壳结构的风速-位移曲线

图 6.57　背风面作用半跨非均布雪荷载(较大雪压聚积在迎风面)时单层柱面网壳结构节点 124 的位移时程曲线

风荷载作用下位移最大值始终发生在节点 124 上。同前面的分析，并结合图 6.56 的风速-位移曲线、图 6.57 的位移时程曲线，根据 Budiansky-Roth 判定准则可以判定，该组合荷载下结构的动力破坏临界风速约为 93m/s。

11. 结果对比分析

不同风雪荷载组合作用下单层柱面网壳结构的动力倒塌分析结果见表 6.3。由表可得出如下结论。

表 6.3　不同风雪荷载组合作用下的动力破坏临界风速

雪荷载分布	失稳点最大位移/m	临界风速/(m/s)
全跨作用均布雪荷载	2.722	85.46
迎风面作用半跨均布雪荷载	2.829	82.02
背风面作用半跨均布雪荷载	2.637	91.44
全跨作用非均布雪荷载(较大雪压聚积在背风面)	2.824	87.68
迎风面作用半跨非均布雪荷载(较大雪压聚积在背风面)	2.906	79.03
背风面作用半跨非均布雪荷载(较大雪压聚积在背风面)	2.462	93.00
全跨作用非均布雪荷载(较大雪压聚积在迎风面)	3.152	75.93
迎风面作用半跨非均布雪荷载(较大雪压聚积在迎风面)	2.943	69.32
背风面作用半跨非均布雪荷载(较大雪压聚积在迎风面)	2.540	90.38

(1) 在迎风面作用半跨非均布雪荷载(较大雪压聚积在迎风面)时，单层柱面网壳结构的动力破坏临界风速最小，为 69.32m/s；而在背风面作用半跨非均布雪荷载(较大雪压聚积在背风面)时，该结构的动力破坏临界风速最大，为 93.00m/s。因此，在多种风雪荷载组合中，迎风面作用半跨非均布雪荷载(较大雪压聚积在迎风面)与风荷载组合为单层柱面网壳的最不利组合。

(2) 无论是均布雪荷载作用还是非均布雪荷载作用，都是迎风面作用半跨雪荷载与风荷载组合时，单层柱面网壳结构的动力破坏临界风速最低；背风面作用半跨雪荷载和风荷载组合时，临界风速最高；而网壳结构全跨作用雪荷载与风荷载组合时，临界风速介于前述两种组合之间。

(3) 全跨作用非均布雪荷载(较大雪压聚积在背风面)时的动力破坏临界风速

要比全跨作用均布雪荷载时的临界风速高 2.60%。这是因为虽然非均布雪荷载起不利作用，但由于背风面的风荷载作为吸力，部分抵消了聚积在背风面的较大雪荷载影响，从而导致动力破坏临界风速提高；但是当较大雪压聚积在迎风面时，迎风面作为压力的风荷载和较大雪荷载的共同不利因素起主要作用，最后导致全跨作用非均布雪荷载(较大雪压聚积在迎风面)时的动力破坏临界风速要比全跨作用均布雪荷载时的临界风速下降 11.15%。

(4) 迎风面作用半跨非均布雪荷载，当较大雪压聚积在背风面时，其动力破坏临界风速比迎风面作用半跨均布雪荷载时的临界风速降低 3.65%；当较大雪压聚积在迎风面时，其动力破坏临界风速比迎风面作用半跨均布雪荷载时的临界风速降低 15.48%。结果表明，迎风面作为压力的风荷载加大了非均布雪荷载的影响而起到更不利作用。

(5) 背风面作用半跨非均布雪荷载，当较大雪压聚积在背风面时，其动力破坏临界风速要比背风面作用半跨均布雪荷载时的临界风速提高 1.71%；当较大雪压聚积在迎风面时的临界风速要比背风面作用半跨均布雪荷载时的临界风速降低 1.16%。结果表明，当背风面雪压比较大时，背风面作为吸力的风荷载部分抵消了雪荷载的影响起到有利作用。

从表 6.4 中的对比分析可得出如下结论。

(1) 增大雪压时，从不同风雪荷载组合作用下的单层柱面网壳结构动力倒塌分析结果来看，最不利组合仍为迎风面作用半跨非均布雪荷载(较大雪压聚积在迎风面)与风荷载的组合。

(2) 全跨作用非均布雪荷载(较大雪压聚积在背风面)时的动力破坏临界风速要比全跨作用均布雪荷载时的临界风速高 2.60%；增大雪压时，前者要比后者的临界风速提高 1.36%。全跨作用非均布雪荷载(较大雪压聚积在迎风面)时的动力破坏临界风速要比全跨作用均布雪荷载时的临界风速降低 11.15%；增大雪压时，前者要比后者的破坏临界风速降低 25.98%。

(3) 迎风面作用半跨非均布雪荷载时，较大雪压聚积在背风面，其动力破坏临界风速比迎风面作用半跨均布雪荷载时的临界风速降低 3.65%；增大雪压时，临界风速降低 8.71%。当较大雪压聚积在迎风面时，其动力破坏临界风速比迎风面作用半跨均布雪荷载时的临界风速降低 15.48%；增大雪压时，临界风速降低 29.29%。

(4) 背风面作用半跨非均布雪荷载时，较大雪压聚积在背风面，其动力破坏临界风速要比背风面作用半跨均布雪荷载时的临界风速提高 1.71%；增大雪压时，动力破坏临界风速降低 2.60%。较大雪压聚积在迎风面时的临界风速要比背风面作用半跨均布雪荷载时的临界风速降低 1.16%；增大雪压时，动力破坏临界风速降低 2.67%。

表 6.4 不同雪压下风雪荷载组合作用时的动力破坏临界风速

雪荷载分布	保定基本雪压，取 0.4kN/m²		哈尔滨基本雪压，取 0.8kN/m²	
	失稳点最大位移/m	临界风速/(m/s)	失稳点最大位移/m	临界风速/(m/s)
全跨作用均布雪荷载	2.722	85.46	2.871	83.76
迎风面作用半跨均布雪荷载	2.829	82.02	2.842	75.93
背风面作用半跨均布雪荷载	2.637	91.44	3.319	95.55
全跨作用非均布雪荷载 (较大雪压聚积在背风面)	2.824	87.68	2.819	84.90
迎风面作用半跨非均布雪荷载 (较大雪压聚积在背风面)	2.906	79.03	2.936	69.32
背风面作用半跨非均布雪荷载 (较大雪压聚积在背风面)	2.462	93.00	3.318	98.03
全跨作用非均布雪荷载 (较大雪压聚积在迎风面)	3.152	75.93	2.987	62.00
迎风面作用半跨非均布雪荷载 (较大雪压聚积在迎风面)	2.943	69.32	3.341	53.69
背风面作用半跨非均布雪荷载 (较大雪压聚积在迎风面)	2.540	90.38	2.902	93.00

6.2 球面网壳结构动力倒塌分析

6.2.1 单层球面网壳结构计算模型

利用空间结构设计软件建立矢跨比为 0.4 的 K8 型单层球面网壳结构模型，跨度均为 $L = 60$m，矢高为 $f = 24$m，材料为 Q235 钢，支座为四周三向铰接形式。

按现行标准 GB 50009—2012《建筑结构荷载规范》[6]要求，设计荷载工况组合为 1.2 静载+1.4 活载，其中取静载为 0.3kN/m²，活载 0.5kN/m²。考虑保定市基本风压标准值为 0.4kN/m²，风荷载体型系数按规范计算旋转壳顶，地面粗糙度类别为 B 类，基准点高度 $Z_0 = 10$m，结构阻尼比取 0.02。

经设计验算，肋杆选用 ϕ140mm × 4mm 杆件，纬杆和斜杆选用 ϕ114mm × 4mm 杆件，无缝钢管。球节点选用 WS400mm × 18mm 焊接球，球重 64.8kg，节点数 289，杆件数 800。单层球面网壳结构计算模型如图 6.58 所示。

结构材料采用 BISO 双线性等向强化理想弹塑性材料，Q235 钢，密度 $\rho = 7850$kg/m³，屈服强度 $f_y = 235$MPa，弹性模量 $E = 206$GPa，泊松比 $\nu = 0.26$，米泽斯屈服准则，Rayleigh 阻尼，阻尼比为 0.02。节点编码按逆时针方向自内环向外环由大到小依次编号，如图 6.59 所示。

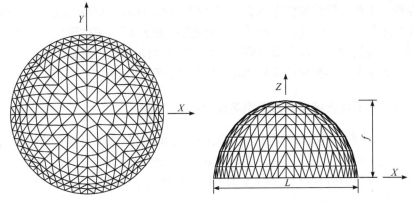

图 6.58　矢跨比为 0.4 的单层球面网壳结构计算模型

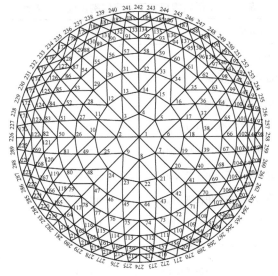

图 6.59　矢跨比为 0.4 的单层球面网壳结构节点编号图

6.2.2　单层球面网壳结构雪荷载分布方案

雪荷载由于受风荷载、日照、屋面形式、屋面构造以及屋面散热等影响，往往出现分布形式复杂、分布厚度不均匀等现象，加之温度变化导致积雪冻融交替和风致雪漂效应的影响，易形成过大的局部雪荷载，从而导致结构承重过大超过其设计承载能力，致使结构发生局部失稳破坏。按我国现行标准 GB 50009—2012《建筑结构荷载规范》[6]要求，屋面积雪分布形式主要有分布范围和分布厚度两种形式的区别。

对矢跨比为 0.4 的 K8 型单层球面网壳结构进行雪荷载静力计算。依据我国现行标准 GB 50009—2012《建筑结构荷载规范》提出的雪荷载半跨且沿最外两环布置较全跨、半跨布置结构稳定承载力更低的结论，选取雪荷载工况组合。基本工况为 1.2 自重+1.4 雪荷载，基本雪压按规范取 1.0kN/m²。按拱形屋面积雪不同分布情况，主要按积雪厚度分布不同分为均匀和不均匀两种情况；按雪荷载分布范围不同分为全跨、半跨和沿最外两环半跨布置三种情况。

6.2.3　单层球面网壳结构动力倒塌响应分析

选取 11 种典型雪荷载工况形式下矢跨比为 0.4 的单层球面网壳结构分别进行风致动力失稳研究。在风压区，节点 170 处风振效应最为明显，故选用节点 170 处位移幅值变化为研究对象。表 6.5 为不同积雪模式下矢跨比为 0.4 的网壳结构模型阻尼系数。

表 6.5　不同积雪模式下网壳结构模型阻尼系数

雪荷载分布	质量阻尼系数α	刚度阻尼系数β
全跨作用均布雪荷载	0.3697	0.0016
半跨作用均布雪荷载(迎风面)	0.4056	0.0015
半跨作用均布雪荷载(背风面)	0.4057	0.0015
最外两环半跨作用均布雪荷载(迎风面)	0.5139	0.0011
全跨作用非均布雪荷载(较大雪压作用在迎风面)	0.2646	0.0022
全跨作用非均布雪荷载(较小雪压作用在迎风面)	0.2646	0.0022
半跨作用非均布雪荷载(较大雪压作用在迎风面)	0.2756	0.0022
半跨作用非均布雪荷载(较小雪压作用在迎风面)	0.3534	0.0017
半跨作用非均布雪荷载(较大雪压作用在背风面)	0.2752	0.0022
半跨作用非均布雪荷载(较小雪压作用在背风面)	0.3534	0.0017
最外两环半跨作用非均布雪荷载(较大雪压作用在迎风面)	0.5081	0.0012

1. 全跨作用均布雪荷载

当单层球面网壳结构作用不同雪荷载时，将雪荷载按节点有效受荷面积转化为 MASS21 质量单元施加于结构上，利用非线性动力分析程序，按逐级加载法加大风速并记录结构各节点位移时程变化情况，绘制风速-位移曲线。根据 Budiansky-Roth 判定准则，确定网壳结构动力失稳临界风速。对全跨作用均布雪荷载下网壳结构进行风致动力倒塌分析。图 6.60 为全跨作用均布雪荷载下单层球面网壳结构的风速-位移曲线，图 6.61 为节点 170 的风速时程曲线。图 6.62 为不同平均风速下节点 170 的位移时程曲线，图 6.63 为不同平均风速下单层球面网壳结构的变形图。

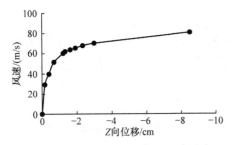

图 6.60　全跨作用均布雪荷载下单层球面
网壳结构的风速-位移曲线

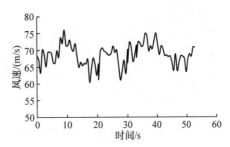

图 6.61　全跨作用均布雪荷载下单层球面
网壳结构节点 170 的风速时程曲线

分析结果表明，当风速较小时，位移增长趋于平缓，风速-位移曲线斜率变化较小；当风速增至 68m/s 时，曲线出现明显拐点，位移幅值突然增大，节点振动平衡位置发生较大偏移，由 Budiansky-Roth 判定准则可判定，结构发生失稳破坏。继续增大风速，风压区节点 170 处出现凹陷区域，说明结构此时已经倒塌破坏。故失稳临界风速约为 68m/s。

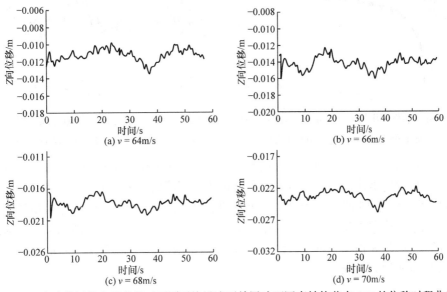

图 6.62　全跨作用均布雪荷载时不同平均风速下单层球面网壳结构节点 170 的位移时程曲线

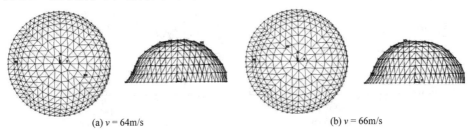

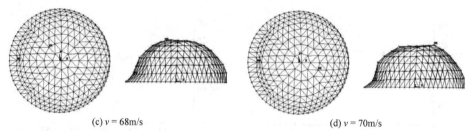

(c) $v = 68\text{m/s}$　　　　　　　　　　　　　　　(d) $v = 70\text{m/s}$

图 6.63　全跨作用均布雪荷载时不同平均风速下单层球面网壳结构的变形图

2. 半跨作用均布雪荷载(迎风面)

对半跨作用均布雪荷载(迎风面)下网壳结构进行风致动力倒塌分析。图 6.64 为半跨作用均布雪荷载(迎风面)下球面网壳结构风速-位移曲线，图 6.65 为节点 170 的风速时程曲线。图 6.66 为不同平均风速下节点 170 的位移时程曲线，图 6.67 为不同平均风速下单层球面网壳结构的变形图。

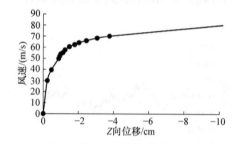
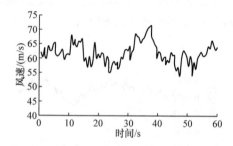

图 6.64　半跨作用均布雪荷载(迎风面)下单层　　图 6.65　半跨作用均布雪荷载(迎风面)下单层
　　　　球面网壳结构的风速-位移曲线　　　　　　　　球面网壳结构节点 170 的风速时程曲线

分析结果表明，风速加载初期阶段，位移增长平稳变化；当风速增至 62m/s 时，位移幅值迅速增加，节点振动平衡位置明显偏离原平衡位置，由 Budiansky-Roth 判定准则可判定，结构失稳临界风速约为 62m/s。继续增大风速，由于迎风面区域半跨均布雪荷载作用，风压区节点等效质量相对较大，在风振动力响应过程中，与风吸区相比，风压区结构位移幅值变化较大，更易发生失稳破坏。故失稳临界风速约为 62m/s。

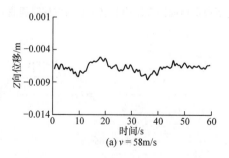
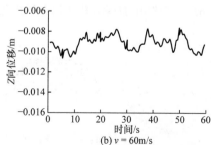

(a) $v = 58\text{m/s}$　　　　　　　　　　　　　　(b) $v = 60\text{m/s}$

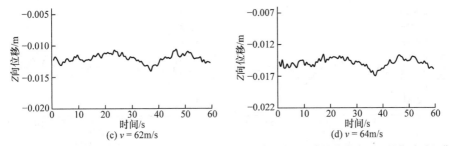

图 6.66　半跨作用均布雪荷载(迎风面)时不同平均风速下单层球面网壳结构节点 170 的位移时程曲线

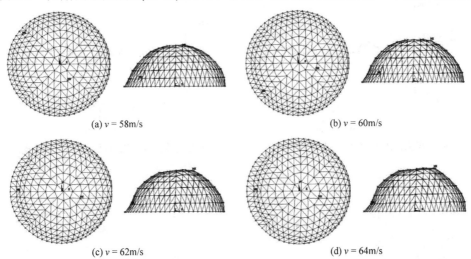

图 6.67　半跨作用均布雪荷载(迎风面)时不同平均风速下单层球面网壳结构的变形图

3. 半跨作用均布雪荷载(背风面)

对半跨作用均布雪荷载(背风面)下网壳结构进行风致动力倒塌分析。图 6.68 为半跨作用均布雪荷载(背风面)下球面网壳结构的风速-位移曲线,图 6.69 为节点 170 的风速时程曲线。图 6.70 为不同平均风速下节点 170 的位移时程曲线,图 6.71 为不同平均风速下单层球面网壳结构的变形图。

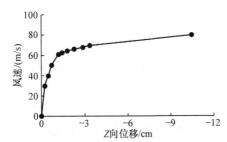

图 6.68　半跨作用均布雪荷载(背风面)下单层球面网壳结构的风速-位移曲线

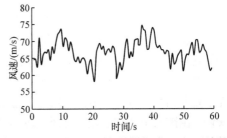

图 6.69　半跨作用均布雪荷载(背风面)下单层球面网壳结构节点 170 的风速时程曲线

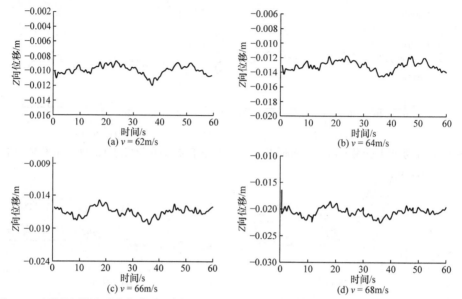

图 6.70　半跨作用均布雪荷载(背风面)时不同平均风速下单层球面网壳结构节点 170 的位移时程曲线

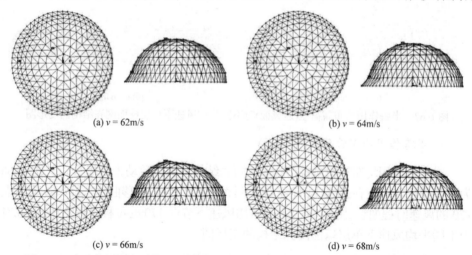

图 6.71　半跨作用均布雪荷载(背风面)时不同平均风速下单层球面网壳结构的变形图

　　分析结果表明,随着风速逐渐增大,位移增长缓慢,风速-位移曲线斜率逐渐减小;当风速增至 66m/s 时,曲线出现明显拐点,位移幅值明显增大,由 Budiansky-Roth 判定准则可判定,结构发生失稳破坏。当背风面作用半跨均布雪荷载时,风吸区部分风振能量与雪荷载重力作用相互抵消。迎风面风压区只受风荷载作用,位移幅值变化较缓慢。由图 6.70 可以看出,当风速较小时,背风面积雪部分结构向下凹陷,最大正位移幅值出现在迎风面风吸区节点位置。继续增大风速,结构风压区风振响应变形增加;风速增至 66m/s 时,节点 170 开始发生失稳破坏。故失稳临界风速约为 66m/s。

4. 最外两环半跨作用均布雪荷载(迎风面)

对最外两环半跨作用均布雪荷载(迎风面)下网壳结构进行风致动力倒塌分析。图 6.72 为最外两环半跨作用均布雪荷载(迎风面)下单层球面网壳结构的风速-位移曲线，图 6.73 为节点 170 的风速时程曲线。图 6.74 为不同平均风速下节点 170 的位移时程曲线，图 6.75 为不同平均风速下单层球面网壳结构的变形图。

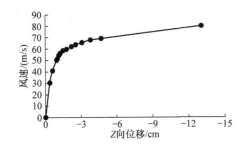
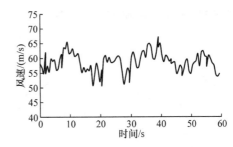

图 6.72　最外两环半跨作用均布雪荷载(迎风面)　　图 6.73　最外两环半跨作用均布雪荷载(迎风面)
下单层球面网壳结构的风速-位移曲线　　　　　　下单层球面网壳结构节点 170 的风速时程曲线

分析结果表明，当风速较小时，风速-位移曲线斜率变化较小；当风速增至 58m/s 时，曲线出现明显拐点，位移幅值突然增大，节点位移变大。由 Budiansky-Roth 判定准则可判定，结构发生失稳破坏。由图可知，风速较小时，位移幅值增量变化较小，由于最外两环有效受雪荷载面积较小，结构变形较小；当风速增至 58m/s 时，位移幅值增量变化显著，节点 170 处同时受风压力和雪荷载作用，结构风振效应增强，附近节点位置相继发生失稳破坏，网壳结构倒塌。故网壳结构失稳临界风速约为 58m/s。

综上所述，矢跨比大小直接影响风荷载风压高度变化系数和体型系数。当矢跨比为 0.4 时，球面网壳结构迎风面底部存在部分受压区，以受压区节点位移幅值变化为研究球面网壳动力倒塌指标，其中节点 170 动力响应特征最为显著。按雪荷载分布范围不同，本节对比分析全跨均布、迎风面半跨均布、背风面半跨均

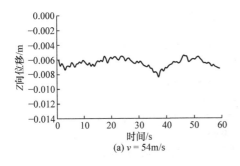
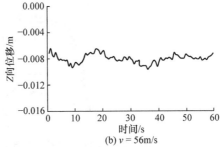

(a) $v = 54\text{m/s}$　　　　　　　　　　(b) $v = 56\text{m/s}$

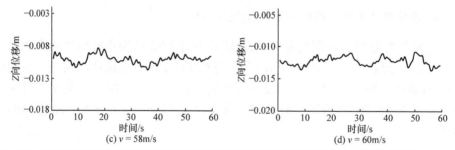

图 6.74　最外两环半跨作用均布雪荷载(迎风面)时不同平均风速下单层球面网壳结构节点 170
的位移时程曲线

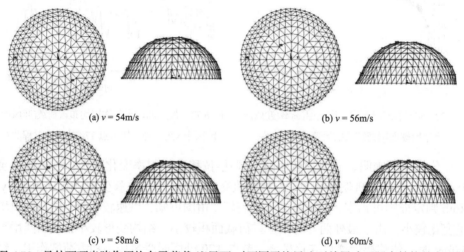

图 6.75　最外两环半跨作用均布雪荷载(迎风面)时不同平均风速下单层球面网壳结构的变形图

布和最外两环迎风面半跨均布 4 种情况。结果表明，最外两环迎风面半跨均布雪
荷载时失稳临界风速最小，结构稳定承载力最低。全跨均布雪荷载时失稳临界风
速最大。矢跨比为 0.4 的单层球面网壳结构在风荷载作用下结构表面风吸作用起
主导作用，全跨作用雪荷载在一定程度上为有利荷载，而最外两环迎风一侧主要
为风压区域，为不利荷载。图 6.76 为不同积雪范围下网壳结构的风速-位移曲线。

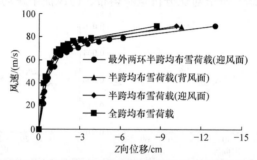

图 6.76　不同积雪范围下单层球面网壳结构的风速-位移曲线

5. 矢跨比为 0.4 时雪荷载不同分布厚度分析

1) 全跨作用非均布雪荷载(较大雪压作用在迎风面)

对全跨作用非均布雪荷载(较大雪压作用在迎风面)下网壳结构进行风致动力倒塌分析。图 6.77 为全跨迎风面作用非均布较大雪压下单层球面网壳结构的风速-位移曲线，图 6.78 为节点 170 的风速时程曲线。图 6.79 为不同平均风速下节点 170 的位移时程曲线，图 6.80 为不同平均风速下单层球面网壳结构的变形图。

分析结果表明，加载初始阶段，随风速增加风速-位移曲线斜率变化较小；当风速增至 74m/s 时，节点位移幅值迅速增加，曲线出现拐点位置，此时结构发生

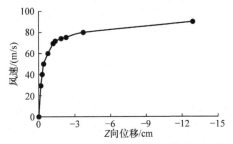 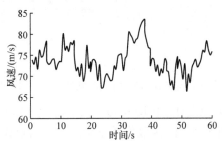

图 6.77　全跨作用非均布雪荷载(较大雪压作用在迎风面)下单层球面网壳结构的风速-位移曲线

图 6.78　全跨作用非均布雪荷载(较大雪压作用在迎风面)下单层球面网壳结构节点 170 的风速时程曲线

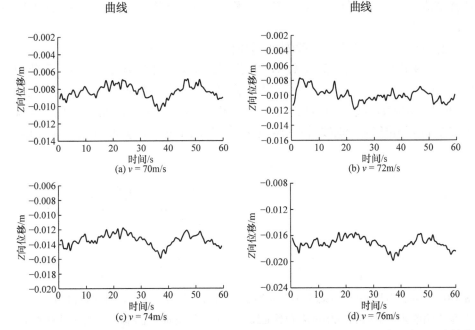

图 6.79　全跨作用非均布雪荷载(较大雪压作用在迎风面)时不同平均风速下单层球面网壳结构节点 170 的位移时程曲线

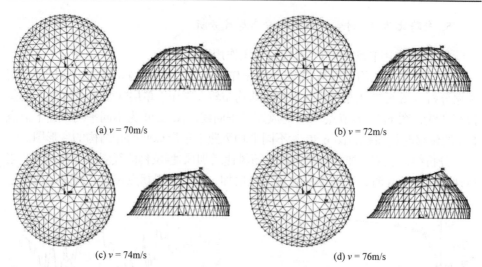

(a) $v = 70\text{m/s}$　　　　　　　　　　　　　(b) $v = 72\text{m/s}$

(c) $v = 74\text{m/s}$　　　　　　　　　　　　　(d) $v = 76\text{m/s}$

图 6.80　全跨作用非均布雪荷载(较大雪压作用在迎风面)时不同平均风速下单层球面网壳结构的变形图

失稳破坏。由图 6.80 可知，非均布雪荷载导致网壳结构表面局部雪压较大，当风速较小时，风吸作用不足以抵消雪重作用，网壳结构迎风面第 4 环节点 51 及附近节点向下凹陷；背风面雪压较小，塌陷趋势相对较小。继续增大风速至 74m/s 时，风压效果逐渐明显，凹陷区域逐渐由风吸区较大雪压位置向风压区转移，节点 170 位移幅值突然增大，节点振动平衡位置发生偏移，结构进入失稳状态。故失稳临界风速约为 74m/s。

2) 全跨作用非均布雪荷载(较小雪压作用在迎风面)

在全跨作用非均布雪荷载(较小雪压作用在迎风面)下对网壳结构进行风致动力倒塌分析。图 6.81 为全跨作用非均布雪荷载(较小雪压作用在迎风面)下单层球面网壳结构的风速-位移曲线，图 6.82 为节点 170 的风速时程曲线。图 6.83 为不同平均风速下节点 170 的位移时程曲线，图 6.84 为不同平均风速下单层球面网壳结构的变形图。

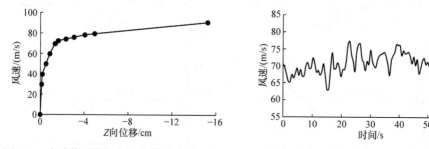

图 6.81　全跨作用非均布雪荷载(较小雪压作用在迎风面)单层球面网壳结构的风速-位移曲线

图 6.82　全跨作用非均布雪荷载(较小雪压作用在迎风面)单层球面网壳结构节点 170 的风速时程曲线

分析结果表明，当风速较小时，位移增长平缓，曲线斜率基本保持不变；当风速增至 72m/s 时，位移幅值突然增加，结构开始出现失稳点。由图可知，结构背风面作用较大雪压时，施加较小风速阶段，背风面主要受雪荷载影响较大，在 3 环节点 36 位置附近网壳结构呈向下振动趋势，而迎风面雪压较小相对变形不明显。当风速增至 72m/s 时，风速增大微小值，结构位移幅值即明显增加，结构变形显著，风压区节点 170 位置出现失稳破坏。继续加大风速，失稳区域增多，结构倒塌破坏。故失稳临界风速约为 72m/s。

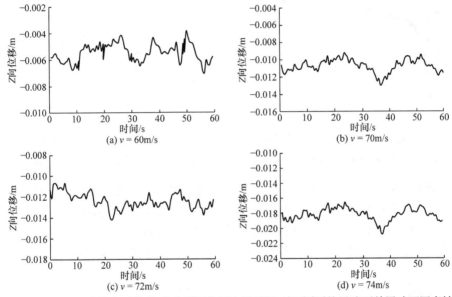

图 6.83　全跨作用非均布雪荷载(较小雪压作用在迎风面)时不同平均风速下单层球面网壳结构节点 170 的位移时程曲线

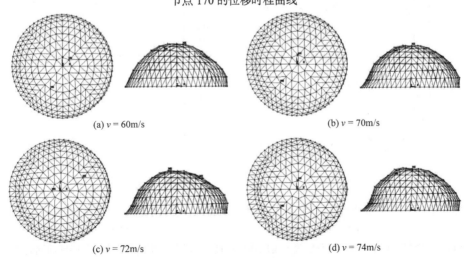

图 6.84　全跨作用非均布雪荷载(较小雪压作用在迎风面)时不同平均风速下单层球面网壳结构的变形图

3) 半跨作用非均布雪荷载(较大雪压作用在迎风面)

在半跨作用非均布雪荷载(较大雪压作用在迎风面)下网壳结构进行风致动力倒塌分析。图 6.85 为半跨作用非均布雪荷载(较大雪压作用在迎风面)下单层球面网壳结构的风速-位移曲线, 图 6.86 为节点 170 的风速时程曲线。图 6.87 为不同平均风速下节点 170 的位移时程曲线, 图 6.88 为不同平均风速下单层球面网壳结构的变形图。

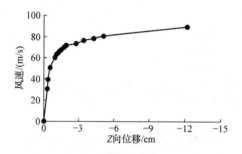
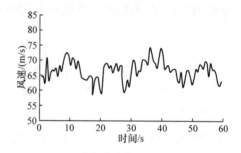

图 6.85　半跨作用非均布雪荷载(较大雪压作用在迎风面)下单层球面网壳结构的风速-位移曲线

图 6.86　半跨作用非均布雪荷载(较大雪压作用在迎风面)下单层球面网壳结构节点 170 的风速时程曲线

分析结果表明, 当风速较小时, 位移随荷载增量基本均匀增加; 当风速增至 66m/s 时, 节点振动平衡位置与原平衡位置发生明显偏离, 表明结构开始发生失稳破坏。由图 6.87 可知, 只在网壳结构迎风面一侧作用雪荷载时, 网壳结构受雪区域变形呈向下趋势, 无雪一侧受风吸力呈向外拉伸趋势。当风速增至 66m/s 时,

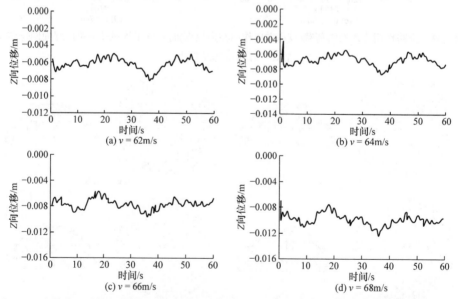

图 6.87　半跨作用非均布雪荷载(较大雪压作用在迎风面)时不同平均风速下单层球面网壳结构节点 170 的位移时程曲线

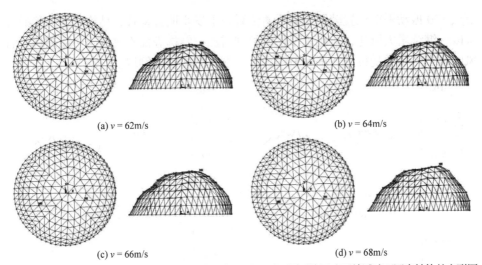

(a) $v = 62\text{m/s}$　　　　　　　　　　　　(b) $v = 64\text{m/s}$

(c) $v = 66\text{m/s}$　　　　　　　　　　　　(d) $v = 68\text{m/s}$

图 6.88　半跨作用非均布雪荷载(较大雪压作用在迎风面)时不同平均风速下单层球面网壳结构的变形图

由于网壳结构两侧受力特征差异较大，网壳结构整体易发生失稳破坏，此时风压区节点 170 处进入失稳状态。继续增大风速，网壳结构节点位移幅值变化较大，变形明显。故失稳临界风速约为 66m/s。

4) 半跨作用非均布雪荷载(较小雪压作用在迎风面)

在半跨作用非均布雪荷载(较小雪压作用在迎风面)下对网壳结构进行风致动力倒塌分析。图 6.89 为半跨作用非均布雪荷载(较小雪压作用在迎风面)下单层球面网壳结构的风速-位移曲线，图 6.90 为节点 170 的风速时程曲线。图 6.91 为不同平均风速下节点 170 的位移时程曲线，图 6.92 为不同平均风速下单层球面网壳结构的变形图。

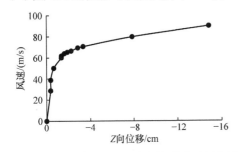

图 6.89　半跨作用非均布雪荷载(较小雪压作用在迎风面)下球面网壳结构的风速-位移曲线

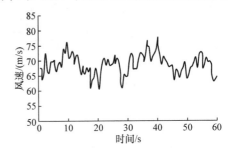

图 6.90　半跨作用非均布雪荷载(较小雪压作用在迎风面)下球面网壳结构节点 170 的风速时程曲线

分析结果表明，当风速较小时，风速-位移曲线斜率变化较小；当风速增至 68m/s 时，曲线出现明显拐点位置，结构发生失稳破坏，继续增大风速，位移增幅明显。由图可知，迎风面作用非均布较小雪压时，结构变形相对较大雪压作用时较小，背风面受风吸力作用变形较大。当风速增大至 68m/s 时，迎风面风压区节点 170 振动平衡位置较原振动平衡位置向下发生明显偏移，结构进入失稳破坏阶段。继续增大风速，节点位移幅值急剧增加，结构表面不仅发生失稳破坏，背风面风吸区杆件受拉进入塑性破坏状态，网壳结构整体倒塌。

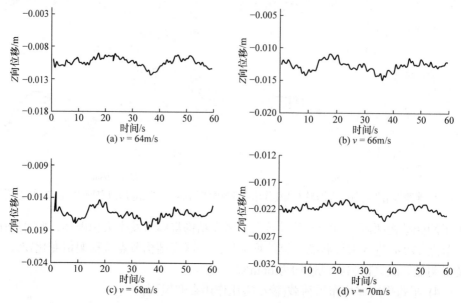

图 6.91　半跨作用非均布雪荷载(较小雪压作用在迎风面)时不同平均风速下单层球面网壳结构节点 170 的位移时程曲线

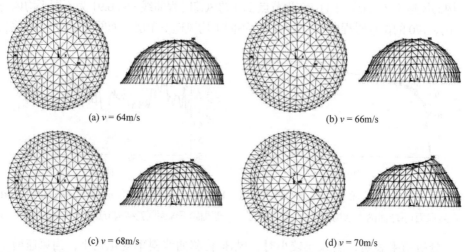

图 6.92　半跨作用非均布雪荷载(较小雪压作用在迎风面)时不同平均风速下单层球面网壳结构的变形图

5) 半跨作用非均布雪荷载(较大雪压作用在背风面)

对半跨作用非均布雪荷载(较大雪压作用在背风面)下网壳结构进行风致动力倒

塌分析。图6.93为半跨作用非均布雪荷载(较大雪压作用在背风面)下单层球面网壳结构的风速-位移曲线, 图6.94为节点170的风速时程曲线。图6.95为不同平均风速下节点170的位移时程曲线, 图6.96为不同平均风速下单层球面网壳结构的变形图。

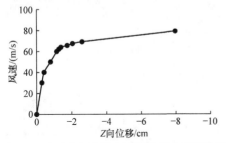 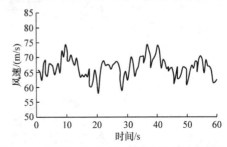

图6.93　半跨作用非均布雪荷载(较大雪压作用在背风面)下单层球面网壳结构的风速-位移曲线

图6.94　半跨作用非均布雪荷载(较大雪压作用在背风面)下单层球面网壳结构节点170的风速时程曲线

分析结果表明, 当风速较小时, 结构位移变化很小; 当风速增至66m/s时, 节点振动平衡位置开始偏移, 振幅逐渐增大, 根据Budiansky-Roth判定准则, 结构发生失稳破坏。由图6.95可知, 当风速较小, 背风面作用较大非均布雪荷载时, 结构该侧向下塌陷; 无雪一侧, 仅受风荷载作用。当风速达到66m/s时, 迎风面风压区开始出现失稳点, 结构位移幅值变化较大; 背风面受风吸力和雪重力联合作用, 接近网壳结构底部区域受雪荷载有效面积相对上部较小, 故底部区域风振效应明显。继续增大风速, 结构位移幅值迅速增加, 结构整体倒塌破坏。故网壳结构失稳临界风速约为66m/s。

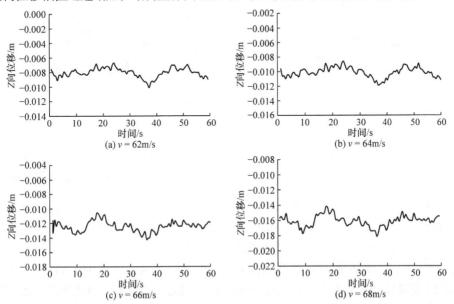

图6.95　半跨作用非均布雪荷载(较大雪压作用在背风面)时不同平均风速下单层球面网壳结构节点170的位移时程曲线

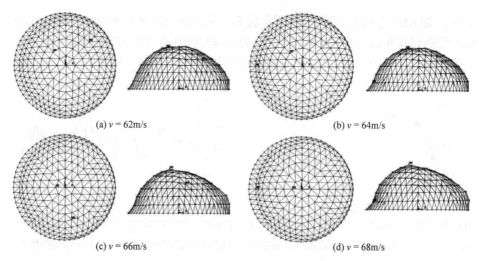

(a) $v = 62\text{m/s}$　　　　　　　　　　　　　　(b) $v = 64\text{m/s}$

(c) $v = 66\text{m/s}$　　　　　　　　　　　　　　(d) $v = 68\text{m/s}$

图 6.96　半跨作用非均布雪荷载(较大雪压作用在背风面)时不同平均风速下单层球面网壳结构的变形图

6) 半跨作用非均布雪荷载(较小雪压作用在背风面)

对半跨作用非均布雪荷载(较小雪压作用在背风面)下网壳结构进行风致动力倒塌分析。图 6.97 为半跨作用非均布雪荷载(较小雪压作用在背风面)下球面网壳结构的风速-位移曲线，图 6.98 为节点 170 的风速时程曲线。图 6.99 为不同平均风速下节点 170 的位移时程曲线，图 6.100 为不同平均风速下单层球面网壳结构的变形图。

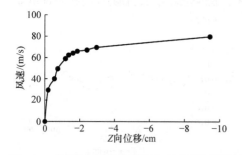

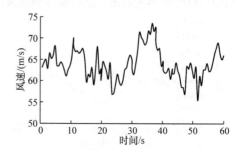

图 6.97　半跨作用非均布雪荷载(较小雪压作用在背风面)下单层球面网壳结构的风速-位移曲线

图 6.98　半跨作用非均布雪荷载(较小雪压作用在背风面)下单层球面网壳结构节点 170 的风速时程曲线

分析结果表明，当风速较小时，位移随风速均匀增加；当风速增至 64m/s 时，曲线出现明显拐点，节点位移突然增加，结构开始发生失稳破坏。由图 6.99 可知，背风面作用较小非均布雪荷载对结构整体风振响应影响不大。风速较小时，结构受雪侧有向下变形的趋势，但凹陷特征并不明显。当风速增至 64m/s 时，迎风面风压区变形显著，节点 170 处失稳破坏，位移幅值突然增加。继续增大风速，网壳结构位移幅值进一步增加，结构自身不能将风振能量完全吸收，在风荷载往复加载过程中，结构整体失稳破坏。故网壳结构失稳临界风速约为 64m/s。

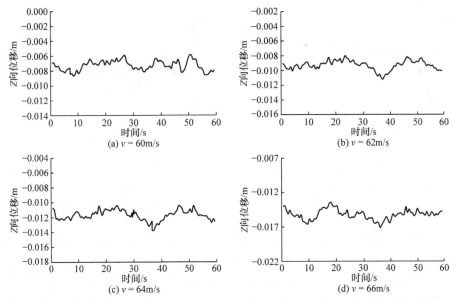

图 6.99　半跨作用非均布雪荷载(较小雪压作用在背风面)时不同平均风速下单层球面网壳结构
节点 170 的位移时程曲线

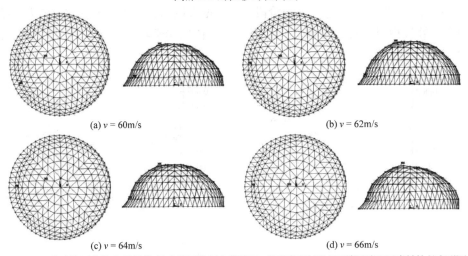

图 6.100　半跨作用非均布雪荷载(较小雪压作用在背风面)时不同平均风速下单层球面网壳结构的变形图

7) 最外两环半跨作用非均布雪荷载(较大雪压作用在迎风面)

对最外两环半跨作用非均布雪荷载(较大雪压作用在迎风面)下网壳结构进行风致动力倒塌分析。图 6.101 为最外两环半跨作用非均布雪荷载(较大雪压作用在迎风面)下单层球面网壳结构的风速-位移曲线,图 6.102 为节点 170 的风速时程曲线。图 6.103 为不同平均风速下节点 170 的位移时程曲线,图 6.104 为不同平均风速下单层球面网壳结构的变形图。

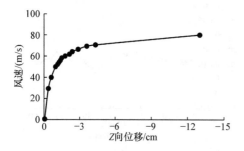

图 6.101　最外两环半跨作用非均布雪荷载(较大雪压作用在迎风面)下单层球面网壳结构的风速-位移曲线

图 6.102　最外两环半跨作用非均布雪荷载(较大雪压作用在迎风面)下单层球面网壳结构节点 170 的风速时程曲线

　　分析结果表明,当风速较小时,结构振动完全处于弹性阶段,结构位移变化很小;当风速增至 58m/s 时,曲线出现明显拐点,风速微小增量导致位移增幅显著,结构出现失稳破坏点。由图 6.103 可知,仅迎风面最外两环作用非均布雪荷载,即雪荷载主要集中布置在风压区内,由此风雪荷载起叠加作用,风压区节点更易发生失稳破坏。当风速增至 58m/s 时,节点 170 位移幅值发生明显变化,结构由弹性变形阶段开始进入失稳阶段。继续增大风速,风压区风振效应增大,结构由一处失稳至多处失稳破坏,最终结构整体倒塌破坏。故失稳临界风速约为 58m/s。

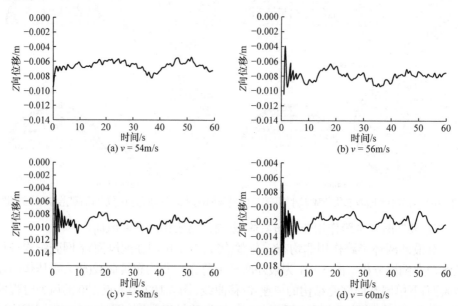

图 6.103　最外两环半跨作用非均布雪荷载(较大雪压作用在迎风面)时不同平均风速下单层球面网壳结构节点 170 的位移时程曲线

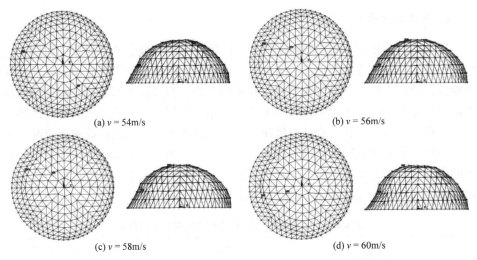

(a) $v = 54$m/s　　　　　　　　　　　　(b) $v = 56$m/s

(c) $v = 58$m/s　　　　　　　　　　　　(d) $v = 60$m/s

图 6.104　最外两环半跨非均布雪荷载(较大雪压作用在迎风面)时不同平均风速下单层球面
网壳结构的变形图

综上所述，分别对各级风速下矢跨比为 0.4 的单层球面网壳结构 7 种非均布雪荷载作用情况进行风致动力失稳分析。结果表明，单层球面网壳结构迎风面一侧沿最外两环非均匀布置较大雪荷载时，风振响应特征最为明显，最先发生动力破坏，其临界风速约为 58m/s。全跨作用较大非均布雪荷载且迎风面雪压较大时，网壳结构承载能力最高，其临界风速约为 74m/s。主要因为全跨非均布雪荷载作用时，网壳结构两侧均受雪荷载作用，且网壳主要受风吸力作用，风雪荷载互相作用，故网壳结构整体稳定性较好。而雪荷载仅作用于风压区时，风雪荷载共同作用使风压区网壳结构风振效应增强，网壳结构易发生局部失稳破坏。图 6.105 为不同雪荷载分布下单层球面网壳结构的风速-位移曲线。

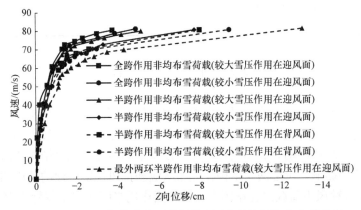

图 6.105　不同雪荷载分布下单层球面网壳结构的风速-位移曲线

6. 结果对比分析

对矢跨比为 0.4 的单层球面网壳结构 11 种不同雪荷载分布下风致动力倒塌特性进行总结分析，考虑矢跨比为 0.4 时，球面网壳结构表面既存在风压区又存在风吸区，故将雪荷载布置分为全跨、迎风面半跨、背风面半跨和最外两环迎风面半跨 4 种分布范围并按均匀分布和不均匀分布进行组合。分析表明，最外两环布置均布和非均布雪荷载失稳临界风速差异不大且均为最不利雪荷载布置情况，迎风面半跨均布雪荷载网壳结构失稳临界风速较低。当风雪荷载组合作用于单层球面网壳结构时，非均布雪荷载作用更易使网壳结构在风致动力响应过程中发生失稳破坏。表 6.6 为不同雪荷载分布下风致动力失稳分析结果。

表 6.6 不同雪荷载分布下风致动力失稳分析结果

雪荷载分布	失稳临界风速/(m/s)	失稳时对应最大负位移幅值/mm	相对最不利布置情况承载力提高比例/%
全跨作用均布雪荷载	68	20.4	17.24
半跨作用均布雪荷载(迎风面)	62	14.0	6.90
半跨作用均布雪荷载(背风面)	66	18.3	13.79
最外两环半跨作用均布雪荷载(迎风面)	58	11.7	—
全跨作用非均布雪荷载(较大雪压作用在迎风面)	74	15.9	27.59
全跨作用非均布雪荷载(较小雪压作用在迎风面)	72	14.2	24.14
半跨作用非均布雪荷载(较大雪压作用在迎风面)	66	9.56	13.79
半跨作用非均布雪荷载(较小雪压作用在迎风面)	68	18.8	17.24
半跨作用非均布雪荷载(较大雪压作用在背风面)	66	14.2	13.79
半跨作用非均布雪荷载(较小雪压作用在背风面)	64	13.6	10.34
最外两环半跨作用非均布雪荷载(较大雪压作用在迎风面)	58	12.9	—

6.3 本 章 小 结

利用非线性有限单元法，对三向网格单层柱面网壳结构和 K8 型单层球面网壳结构进行了不同风雪荷载组合作用下的动力倒塌分析，分析过程中考虑了各种组合作用下该结构的动力破坏临界风速，以及不同雪压对网壳结构的风致动力破坏临界风速的影响。单层网壳结构在风振响应和抗风性能方面的结论如下。

(1) 在各种风雪荷载组合作用中，迎风面作用半跨非均布雪荷载(较大雪压聚积在迎风面)与风荷载组合时该单层柱面网壳结构的动力破坏临界风速最低，即为最不利组合。

(2) 当基本雪压增大为 $0.8kN/m^2$ 时，得出的结论和基本雪压为 $0.4kN/m^2$ 时的结论规律一致，但随着基本雪压的增大，全跨作用雪荷载和风荷载组合及迎风面半跨作用雪荷载和风荷载组合的临界风速明显降低，而背风面作用雪荷载和风荷载组合时的临界风速会明显提高。

(3) 无论是均布雪荷载作用还是非均布雪荷载作用，迎风面半跨作用雪荷载与风荷载组合时，单层柱面网壳结构的动力破坏临界风速最低；背风面半跨作用雪荷载和风荷载组合时，临界风速最高；而网壳结构全跨作用雪荷载与风荷载组合时，临界风速介于前述两种组合之间。

(4) 全跨作用非均布雪荷载(较大雪压聚积在背风面)时的动力破坏临界风速比全跨作用均布雪荷载时的临界风速高 2.60%；保持其他参数不变，仅增大基本雪压时，前者要比后者的临界风速高 1.36%。全跨作用非均布雪荷载(较大雪压聚积在迎风面)时的动力破坏临界风速要比全跨作用均布雪荷载时的临界风速降低 11.15%；而仅增大基本雪压时，前者要比后者的临界风速降低 25.98%。结果表明，全跨作用非均布雪荷载比作用均布雪荷载的临界风速升高(降低)比率随着基本雪压的增加而减小(增大)。

(5) 迎风面作用半跨非均布雪荷载时，当较大雪压聚积在背风面时，其动力破坏临界风速比迎风面作用半跨均布雪荷载时的临界风速降低 3.65%；而仅增大雪压时，临界风速降低 8.71%。当较大雪压聚积在迎风面时，其动力破坏临界风速比迎风面作用半跨均布雪荷载时的临界风速降低 15.48%；而增大雪压时，临界风速降低 29.29%。分析表明，迎风面作用半跨非均布雪荷载比作用半跨均布雪荷载的临界风速降低比率会随着基本雪压的增大而增大。

(6) 背风面作用半跨非均布雪荷载时，当较大雪压聚积在背风面，其动力破坏临界风速要比背风面作用半跨均布雪荷载时的临界风速提高 1.71%；增大雪压时，临界风速提高 2.60%。当较大雪压聚积在迎风面时的临界风速要比背风面作用半跨均布雪荷载时的临界风速降低 1.16%；增大雪压时，临界风速降低 2.67%。分析表明，背风面作用半跨非均布雪荷载比作用半跨均布雪荷载时的临界风速升高(降低)比率随着基本雪压的增大而增大。

(7) 当结构上仅作用基本雪压为 $1kN/m^2$ 的雪荷载时，通过对比分析全跨作用非均布雪荷载(较大雪压作用在迎风面)、全跨作用非均布雪荷载(较小雪压作用在迎风面)、半跨作用非均布雪荷载(较大雪压作用在迎风面)、半跨作用非均布雪荷载(较小雪压作用在迎风面)、半跨作用非均布雪荷载(较大雪压作用在背风面)、半跨作用非均布雪荷载(较小雪压作用在背风面)、最外两环半跨作用非均布雪荷载(较大雪压作用在迎风面)7 种雪荷载分布情况发现，矢跨比为 0.4 的单层球面网壳结构的最不利雪荷载布置形式均为半跨作用非均布较大雪荷载的情况。结果表明，半跨非均布较大雪荷载造成网壳结构上局部雪压较大从而引起较大变形，受力薄弱区域主要集中在网壳结构靠近顶点的第三环位置。

(8) 在其他结构参数保持不变的条件下，只改变雪荷载分布范围和分布厚度，研究风雪荷载共同作用下单层球面网壳结构的动力稳定性时，矢跨比为 0.4 的网壳结构其雪荷载沿最外两环半跨布置时失稳临界风速最低，结构承载能力最弱，为最不利雪荷载布置情况。考虑风雪荷载共同作用下的单层球面网壳结构动力破坏研究与只考虑雪荷载影响的球壳结构静力变形计算存在较大的差异，因此建议我国现行标准 GB 50009—2012《建筑结构荷载规范》[6]中应考虑风雪荷载共同作用对网壳结构动力稳定性的影响。

(9) 当雪荷载分布范围不同时，单层球面网壳结构沿最外两环半跨作用非均布雪荷载(较大雪压作用迎风面)为最不利雪荷载布置，网壳稳定承载能力最低。迎风面半跨作用雪荷载、背风面半跨作用雪荷载和全跨作用雪荷载时，球面网壳稳定承载力依次提高，而雪荷载不同厚度分布对球面网壳结构的影响规律性不明显。分析结果表明，雪荷载分布的不均匀性更易使网壳结构在强风雪中发生失稳破坏。

参 考 文 献

[1] 王宁, 王军林, 孙建恒. 风雪荷载作用下单层柱面网壳结构的动力倒塌分析[J]. 河北农业大学学报, 2016, 39(1): 110-114.

[2] 毕长坤, 王军林, 孙建恒. 不同积雪模式下球面网壳风致动力稳定分析[J]. 河北农业大学学报, 2018, 41(1): 92-99.

[3] 王猛. 风雪荷载作用下弦支网壳稳定性分析[D]. 保定: 河北农业大学, 2019.

[4] 毕长坤. 风雪荷载作用下单层球面网壳动力失稳研究[D]. 保定: 河北农业大学, 2017.

[5] 王宁. 风雪荷载组合作用下柱面网壳结构的动力倒塌分析[D]. 保定: 河北农业大学, 2015.

[6] 中华人民共和国住房和城乡建设部. GB 50009—2012　建筑结构荷载规范[S]. 北京: 中国建筑工业出版社, 2012.